U0176135

100道营养料理轻松做

破壁机美味食谱

茶苏苏　编著

中国三峡出版传媒
中国三峡出版社

图书在版编目（CIP）数据

100 道营养料理轻松做：破壁机美味食谱 / 茶苏苏编著 . — 北京：中国三峡出版社，2021.11（2022.1 重印）

ISBN 978-7-5206-0205-1

Ⅰ . ① 1… Ⅱ . ①茶… Ⅲ . ①食谱 Ⅳ . ① TS972.12

中国版本图书馆 CIP 数据核字（2021）第 194272 号

责任编辑：于军琴

中国三峡出版社出版发行

（北京市通州区新华北街 156 号　101100）

电话：（010）57082645　57082577

http://media. ctg. com. cn

北京世纪恒宇印刷有限公司印刷　　新华书店经销

2021 年 11 月第 1 版　2022 年 1 月第 2 次印刷

开本：787 毫米 ×1092 毫米　1/16　印张：13

字数：243 千字

ISBN 978-7-5206-0205-1　定价：59.80 元

自　序

了不起的破壁机

这两年，关于买破壁机是不是交智商税的争论从未停止。尽管"破壁"这个概念本身存在一定争议，但并不妨碍破壁机成为我家厨房里使用率较高的小厨电。作为一个使用破壁机时间超过 5 年的美食博主，我深刻地体会到使用它的便利性。如果你认为破壁机只能打打豆浆、米糊，可能就有点局限性了。

如果你爱喝汤，一定要试试破壁鱼汤。看着鱼肉的鲜汁从破壁机里自然顺畅地流出，比用汤锅炖省心太多了，而且鱼刺被打得很碎。因此不必担心，只需大口喝下，等待几秒，便可享受鲜味在舌尖上回转的美妙。

如果你爱吃辣的，一定要试试自制油泼辣子。不管什么样的辣椒，到了研磨杯里都会被制服，它们变成细腻的粉末，再在滚油的拥抱下发出呲啦声，沸腾着把香气送到你的鼻尖。那味道，闻过一次，就能让你忘掉超市货架上的全部辣椒酱。

如果你和我一样，对中西美食都喜爱，那就要小心，有了破壁机，在厨房鼓捣的时间恐怕还会变长，因为总想做出更多更美味的食物。打豆浆不再需要泡豆子了，打完也用不着过滤。用破壁机能打出更细腻的肉泥，不用去外面买速冻肉丸和虾滑。街边小吃和网红甜品，突然也没那么神秘了。就连宝宝的辅食也可以用它解决。那些以前让你头疼的事情，一下子变得简单了。从那时起我就知道，这小电器了不得。当然，前提是你得掌握它的脾气，还有适合它的菜谱。这就是我写这本书的初衷。

让每个家庭的破壁机都能发挥最大的效用，让它能更好地服务于一日三餐。

本书要和大家分享的是我经过多次试验将实操和美味很好地结合在一起的 100 个精选菜谱。说"精选"是因为，如果不是篇幅有限，我一定能分享更多。毕竟从第一代破壁机算起，我积累的原创菜谱不少于 500 个。同时，我会将这几年使用破壁机的经验毫无保留地分享给大家，包括破壁机的概念、配件介绍、选购方法等，还有如何防止糊底等使用小妙招。这些内容我经常私底下分享给朋友，很多朋友就是因为我才接触破壁机这个小厨电，后来他们都有不少收获。但无一例外的，他们都认为自己找到了一把打开美食世界大门的钥匙。

现在这把钥匙也发到你们手上了。

欢迎来到了不起的破壁机世界！

荼苏苏

2021 年 9 月

目　录

第三章

健康饮品：
美容养颜喝出来

1

第一章

了解不一样的
破壁机

破壁机的概念

破壁机是一个具有超高转速功能的搅拌机，转速能达到
20 000 转 / 每分钟以上，可把食物研磨得非常细腻，同时具有
加热熬煮功能。破壁机有煮豆浆、打果汁、熬粥、磨粉和绞肉
等功能，是一种将豆浆机、榨汁机、磨粉机和绞肉机的功能集
于一身的机器。

破壁机与原汁机、榨汁机、豆浆机的区别

原汁机

原汁机的原理是通过低速螺旋挤压技术将果汁从果肉中慢慢挤压出来，做成鲜果
汁。它工作时就像我们用手挤压吸满水的海绵一样。其功能单一，主要用于制作鲜果汁。

榨汁机

榨汁机的原理是通过高速旋转的刀片搅碎果肉，再通过离心力把果肉残渣与果汁
分离，做成鲜果汁。简而言之，做鲜果汁的过程是搅拌加过滤。其功能单一，主要用
于制作鲜果汁。

豆浆机

豆浆机的原理是通过对豆子进行高速搅拌、加热和熬煮，做成豆浆。它的工作原
理和破壁机类似，主要区别在于豆浆机机头的转速较慢，打出来的豆浆会有残渣。其
功能单一，主要用于制作豆浆。

如何理解"破壁"

通常商家宣传破壁机时会这么说：打破食物的细胞壁，使食物营养完全释放出来。
其实这种宣传具有误导性，这也是目前破壁机存在争议的一个点。

那么破壁机到底有没有破壁的作用呢？答案是：有。

我们吃水果、蔬菜等食物，通过牙齿咀嚼使得汁水流出，就是一个破壁的过程。

破壁机与我们的牙齿一样具备这种功能——使食物细胞壁破裂。而且破壁机是一个功能全面的工具，它能轻易帮你做豆浆、煮米糊、绞肉泥，让你节省大量时间，从而解放双手。把它看作厨房烹饪小帮手和便利生活小家电，让它协助你做出更多营养健康的美食，何乐而不为呢？

破壁机适合做哪些食物

磨豆、磨粉： 可以使用研磨杯将干燥的豆子、杂粮和田七等中药材研磨成粉末。

榨汁： 将新鲜的水果和蔬菜自由搭配，就能轻松地打出一杯既营养又健康的果蔬汁。

豆浆、米糊： 可以随时制作各种豆浆或米糊，每天清晨来一杯冒着热气的豆浆或米糊，即可开启元气满满的一天。

宝宝辅食： 营养健康的辅食可以让宝宝健康成长，有了破壁机就不必再发愁怎么做啦。

冰沙、冰淇淋： 可以轻松制作夏天必备的消暑冰沙和冰淇淋，足不出户就可"消暑一夏"。

浓汤： 西式浓汤很美味，用破壁机做起来很容易，可以慢慢享受西餐独有的美味。

肉馅： 想吃饺子和馄饨时，不用再剁馅剁到手软了，交给破壁机能节省不少力气和时间。

汤、粥： 做营养美味的汤和粥时，总是掌握不好火候，那就交给破壁机吧，还能避免溢锅糊底。

酱料： 自制的酱料既健康又美味，但制作过程复杂，放进破壁机可以一键搞定。

花茶： 花茶既养生又美颜。你尽管负责貌美如花，破壁机负责为你煮茶。

破壁机使用小技巧

关于糊底：如何避免糊底及糊底后怎么处理

如何避免糊底

1　煮豆类或一些比较黏稠的食材时，一定要选择相应的"豆浆"或"米糊"功能，可避免出现糊底现象。煮需要加大量糖类和纯牛奶的食物时，可以最后再加入，因为提前放入容易糊底。

2　应控制某类食材的量，由于红薯、山药等淀粉含量较高的食材黏性大、容易沉积，且不耐热，过多容易糊底。

3　使用破壁机时尽量按照量杯的料水比，避免熬煮得过于浓稠。

糊底后怎么处理

1　放两个鸡蛋壳和少量热水，让破壁机搅打一会，再用破壁机专用清洗刷清洗。

2　用破壁机专用清洗剂进行浸泡，再用破壁机专用清洗刷清洗。

关于清洗：巧妙的清洗办法

清洗办法

大部分破壁机自带清洁功能，对于正常使用后留下的污渍及残留物，加入适量自来水，打开"清洁"功能就能清洗掉大部分污渍。若破壁机没有清洁功能，可以选择果蔬等其他高挡位转速的功能进行清洗。

专用清洗刷

其他配件及使用方法

搅拌棒

大多数情况下购买破壁机时会配一根搅拌棒，它的作用是帮助破壁机将食材搅打得更均匀。

在搅打水分少且量大的食材时，破壁机容易出现空转的情况，这时需要搅拌棒由上至下将上层食材搅拌至下层，使其搅打得更均匀。

真空杯

部分破壁机会配一个真空杯。顾名思义，真空杯可以在很大程度上制造一个真空的环境。在制作果汁和蔬菜汁这类容易氧化变质的食材时，使用真空杯可以减缓氧化及变质的速度。若平时爱喝果汁、蔬菜汁，可以选购配有真空杯的破壁机。

研磨杯

部分破壁机会配一个研磨杯。其特点是杯身材质硬、不怕刮损、材质安全，主要作用是将材质偏硬的食材磨成粉状或颗粒状，例如黄豆、田七、阿胶等，也可以用于研磨调料，例如花椒、黑胡椒、干辣椒、大料等。

研磨杯

选购指南：购买破壁机需要关注哪些指标

硬件： 破壁机主要由底座、杯身和搅拌棒组成。大部分破壁机会配有多个杯身，如冷打杯、热打杯和真空杯等，方便用户在不同的场景下使用。

底座

杯身

搅拌棒

真空杯

转速（电机）：破壁机转速在 20 000~40 000 转 / 每分钟范围内是最好的。破壁机转速太低，难以处理偏硬的食材，研磨效果会大打折扣。

刀头：破壁机刀头的刀片数量为 4 刀、6 刀和 8 刀。大型破壁机推荐选购 8 刀，小型破壁机推荐选购 4 刀。刀头类型又分为切刀、锯齿刀和钝刀。切刀和锯齿刀的刀刃比较锋利，但破壁机的工作原理是依靠高转速带动刀片搅打食材，刀片的锋利程度对此影响不大，且刀刃太锋利，清洗时容易割伤手，推荐选购钝刀类型的刀头。

容量：容量的选择主要根据使用人数决定。1 人使用可以选购 0.5 升的，1~2 人使用可以选购 1 升的，以此类推选择适合自己的容量。

运行分贝

噪声：破壁机在高挡位工作时噪声为 80 分贝左右，对部分人而言是难以忍受的。选购破壁机时可以先了解最高挡位工作时的噪声大小以及是否有静音罩等能降低噪声的配套硬件。

机身和杯体材质：破壁机的机身材质大多是 304 不锈钢和塑料，接触食物的部分为 304 不锈钢。杯身材质一般有高硼硅玻璃、不锈钢和塑料等。在选购破壁机时，建议优先选购杯身为高硼硅玻璃材质的。这种材质不仅耐高温、防腐蚀、稳定安全，还可以在使用时观察到食材的状态。

静音罩

功能：破壁机的功能大同小异，一般有果蔬汁、豆浆、米糊、磨粉、绞肉、浓汤和熬粥等功能。如果使用频繁，可以挑选有独立加热和挡位调节功能的破壁机。

清洁：大部分破壁机带有清洁功能，使用完后立刻将清水倒入破壁机中，选择清洁功能可清洗掉大部分污渍及残留物，不仅有效解决了破壁机清洗难的问题，还可以解放双手。

清洁

预约：破壁机自带预约功能，预约时间为 2~12 小时。可以在睡觉前将食材准备好放入破壁机中，预约好时间，早上起来不用动手就能吃到热乎乎的早餐啦。

预约

选购破壁机常见误区

1. 破壁机的刀片越多越好吗?

刀片并非越多越好。很多人认为刀片越多,破壁机的功能就越强大,事实并非如此。刀片越多,导致受阻面积越大、刀片间夹缝越多,反而增加了机头的压力和清洗难度。因此刀片不在多,而在质量和设计。

2. 破壁机的转速越快越好吗?

转速并非越快越好。过快的转速会让破壁机在处理食材的时候产生大量泡沫或导致空转,不仅增加制作难度,还会影响成品的口感。破壁机厂商在研发时考虑在不同的使用场景下需要不同的转速,所以大部分破壁机有转速挡位,可根据使用情况来调节,方便用户使用。

3. 破壁机具有养生功能吗?

破壁机本身不具有养生功能,但用破壁机制作的食物大多具有养生特点。市面上不少破壁机厂商在宣传时会带有"养生"的字眼,但养生与否在于你愿不愿意用破壁机做养生的美食。

4. 真的有静音破壁机吗?

目前破壁机还不具备在工作时静音的技术。任何一台破壁机在高速搅拌的情况下必然会产生一定的噪声。很多厂商通过给破壁机配备静音罩或做降噪处理,尽最大努力降低噪声。

5. 分体式和一体式怎么选?

分体式在容量较大的破壁机上使用居多,而一体式在小容量的破壁机上使用居多。分体式的优点是杯身和机身可以分开,倒出破壁机内的食材时较简单,清洗时不怕机身进水。一体式的优点是破壁机在高速工作时抖动幅度小,机身稳定。若一个人用,则选择小容量的一体式破壁机即可;若一家人用,则选择大容量的分体式破壁机较好。

Chapter
第二章

2

营养早餐:
健康从每天
第一餐开始

每天第一餐要吃好

"早餐要吃好，午餐要吃饱！"相信很多人都听过这句话。至于为什么早餐要吃好，却很少有人知道原因。

其实早餐要吃好并不是指吃各种珍贵食材制作的食物，而是指"吃正确的"和"吃对的"。一般，食物在人体的消化系统里"走一圈"需要6个小时左右，而晚饭后到早餐隔了12个小时以上，人体会有好几个小时的营养摄入缺失时间。

人体在长期缺少营养摄入时会触发自我保护机制，新陈代谢会降低，器官功能会减弱。而在睡梦中醒来后，人体各个器官开始恢复工作，需要大量能量的供应。所以早餐要吃最容易被人体快速吸收的食物，让小肠以最快的速度吸收营养物质，从而提供给身体各器官，保持正常生命活动。

那什么类型的食物最容易被人体吸收呢？第一种是液体，液体能快速移动至小肠且被小肠快速吸收；第二种是流食，流食到达小肠的时间比固体快很多；第三种是纤维细且少的食物，咀嚼时间短，在胃里进行初步消化的时间也比较短。这就解释了早餐为什么不吃米饭、肉类、蔬菜等食物的原因了。豆浆、纯牛奶、粥、粉、面这一类食物是常吃的早餐，因为可以快速唤醒身体，开始新的一天。

五谷粗粮是营养很全面的食材，如果能在身体最需要营养的早餐期间吃，可以达到事半功倍的效果。由于五谷粗粮类的食物不好消化，因此早餐基本不考虑它。通过破壁机将五谷粗粮做成豆浆或粥，将五谷从难消化的状态变成易消化吸收的状态，就是"早餐要吃好"的其中一种方式。

豆浆：国民早餐"扛把子"

　　豆浆在咱们中国人的早餐阵营里算是"一员大将"，占非常重要的位置，因其适口又百搭，搭配包子、馒头、油条、饼都不在话下。除了美味，豆浆的营养价值也很高，含有丰富的植物蛋白和磷脂，还含有维生素 B_1、B_2 和烟酸。用破壁机做豆浆，可免除泡豆的麻烦，口感也更细腻顺滑。

五谷豆浆

制作时间：30 分钟

难 易 度：★

材　料

黄豆	10 克
黑豆	10 克
红豆	10 克
荞麦米	10 克
燕麦	10 克
小米	10 克
冰糖	10 克
饮用水	500 毫升

做　法

1. 黄豆、黑豆、红豆、荞麦米、燕麦和小米用清水淘洗干净备用。
2. 将黄豆、黑豆、红豆、荞麦米、燕麦和小米倒入破壁机内，加入饮用水和冰糖，盖上盖子。
3. 选择"豆浆"功能，待机器完成工作即可倒出饮用。

1

2

3

苏苏 有话说

1. 五谷没有很明显的甜味，喜甜的可以多加些冰糖，不喜甜的可以单纯享受其香醇原味。
2. 注意：食材不要超过破壁机热饮容量范围，否则容易溢出。
3. 五谷豆浆有男性养发、女性润肤美颜的作用，还有补肺合气、滋补肝肾、润肠通便等功效。

第二章　营养早餐：健康从每天第一餐开始

黑豆浆

制作时间：30 分钟

难 易 度：★

材 料

黑米	20 克
黑豆	20 克
黑芝麻	10 克
冰糖	20 克
饮用水	500 毫升

做 法

1. 黑米、黑豆和黑芝麻用清水淘洗干净备用。
2. 将黑米、黑豆和黑芝麻倒入破壁机内，加入饮用水和冰糖，盖上盖子。
3. 选择"豆浆"功能，待机器完成工作即可倒出饮用。

苏苏
有话说

1. 如果喜欢喝原味豆浆，可以不加冰糖。
2. 长期饮用黑豆浆可以提高身体免疫力，对身体有一定益处。

奶香麦片红豆浆

制作时间：30 分钟

难 易 度：★

材　料

红豆	20 克
麦片	20 克
冰糖	20 克
纯牛奶	300 毫升
饮用水	400 毫升

做　法

1. 红豆用清水淘洗干净备用。
2. 将红豆、麦片和饮用水倒入破壁机内，盖上盖子。
3. 选择"豆浆"功能，待机器完成工作，打开盖子加入纯牛奶和冰糖，搅拌均匀即可倒出饮用。

苏苏
有话说

1. 若大量纯牛奶和冰糖一同放入破壁机内煮，容易糊底，最后再加入比较好。
2. 红豆是一种杂粮，含有丰富的蛋白质、维生素和微量元素，有利尿消肿的作用。

花生杏仁豆浆

制作时间：30 分钟

难 易 度：★

做　法

1. 花生、杏仁和黄豆用清水淘洗干净备用。
2. 将花生、杏仁、黄豆、冰糖和饮用水倒入破壁机内，盖上盖子。
3. 选择"豆浆"功能，待机器完成工作即可倒出饮用。

材　料

花生	20 克
杏仁	10 克
黄豆	20 克
冰糖	10 克
饮用水	500 毫升

苏苏有话说

对花生过敏的人可以不放花生，杏仁豆浆也很好喝。

枸杞子红豆豆浆

制作时间：30 分钟

难 易 度：★

做 法

1. 枸杞子、红豆和黄豆用清水淘洗干净备用。
2. 将枸杞子、红豆、黄豆、冰糖和饮用水倒入破壁机内，盖上盖子。
3. 选择"豆浆"功能，待机器完成工作即可倒出饮用。

材 料

枸杞子	5 克
红豆	15 克
黄豆	20 克
冰糖	15 克
饮用水	400 毫升

苏苏 有话说

枸杞子含有丰富的枸杞多糖、β胡萝卜素、维生素E、硒及黄酮类等抗氧化物质，可以起到美容养颜、延缓衰老、提高皮肤吸收养分的作用。

红枣高粱豆浆

制作时间：30 分钟

难 易 度：★

材 料

红枣	10 克
高粱米	20 克
黄豆	20 克
冰糖	15 克
饮用水	500 毫升

做 法

1. 红枣去核备用。

2. 高粱米、黄豆和红枣用清水洗净备用。

3. 将红枣、高粱米、黄豆、冰糖和饮用水倒入破壁机内，盖上盖子。

4. 选择"豆浆"功能，待机器完成工作即可倒出饮用。

苏苏 有话说

1. 红枣有一定甜味，不喜太甜的可以不用加冰糖。

2. 红枣一定要去核，这样口感和味道才更佳。

3. 高粱米具有消积食、温中、涩肠的功效，肠胃不好的人也可以喝。

椰汁绿豆浆

制作时间：30 分钟

难 易 度：★★

材　料	
绿豆	20 克
冰糖	20 克
椰浆	100 克
饮用水	500 毫升

做　法

1. 绿豆用清水淘洗干净。

2. 将绿豆和饮用水倒入破壁机内，盖上盖子。

3. 选择"豆浆"功能，待机器完成工作，加入冰糖和椰浆，搅拌均匀即可倒出饮用。

苏苏
有话说

1. 绿豆是凉性的，最好夏季饮用此款豆浆。

2. 绿豆本身没有甜味，可以通过适量的冰糖来调整适合自己的甜度。

银耳南瓜豆浆

制作时间：30 分钟

难 易 度：★★

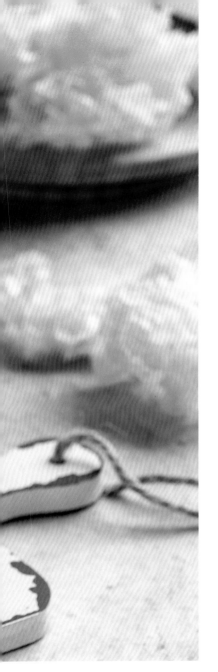

材　料

银耳	10 克
南瓜	50 克
黄豆	20 克
冰糖	20 克
饮用水	400 毫升

做　法

1. 银耳提前用饮用水浸泡 4 小时，完全泡发。

2. 南瓜洗净，带皮切小块，和银耳、黄豆一同用清水清洗干净。

3. 将泡发的银耳、南瓜块、黄豆倒入破壁机内，再加入冰糖和饮用水，盖上盖子。

4. 选择"豆浆"功能，待机器完成工作即可倒出饮用。

苏苏有话说

1. 用破壁机做南瓜豆浆，即使南瓜不去皮也不影响口感，反而营养更丰富。

2. 夏天用常温饮用水浸泡银耳即可，冬天则要用温水浸泡，完全泡发后体积是原来的 10 倍。

3. 南瓜带少许甜味，不喜甜的可以不加冰糖。

第二章 营养早餐：健康从每天第一餐开始

粥：清润鲜香最宜人

　　粥闻起来清香宜人，天热喝开胃，天冷喝暖身。粥是包容性很强的食物，荤素皆宜，咸甜均可。新鲜食材在一起产生奇妙的化学反应，慢慢飘出香味。"米水融合，柔腻如一"是粥最好的状态，米粒与汤汁相互交融，清润爽滑，吃进去之后浑身舒坦。

桂花八宝粥

制作时间：30 分钟

难易度：★★

材　料

黑米	20 克
糯米	20 克
红豆	20 克
薏米	10 克
花生	10 克
红枣	10 克
莲子	10 克
花芸豆	20 克
桂花蜜酿	30 克
饮用水	800 毫升

做　法

1. 红枣去核备用；将所有食材用清水淘洗干净。

2. 将所有材料倒入破壁机内，盖上盖子。

3. 选择"熬粥"功能，待机器完成工作即可倒出食用。

苏苏
有话说

1. 因为用的是破壁机，所以食材不用提前浸泡也能很快煮成粥。

2. 这款粥中的食材富含膳食纤维和蛋白质，具有健脾养胃的功效，经常吃对身体有益处。

3. 如果家里没有上述所有食材，少放 1～2 种也可以。

南瓜山药小米粥

制作时间：30 分钟

难 易 度：★★

材 料

南瓜	100 克
山药	100 克
小米	20 克
冰糖	20 克
饮用水	800 毫升

做 法

1. 南瓜和山药用清水清洗干净，带皮切小块。

2. 小米淘洗干净倒入破壁机内，将南瓜块、山药块、冰糖和饮用水倒入破壁机内，盖上盖子。

3. 选择"熬粥"功能，待机器完成工作即可倒出食用。

1

2

3

苏苏
有话说

1. 南瓜本身有甜味，不喜甜的可不加冰糖。

2. 小米具有温中和胃的功效，对消化不良有一定好处；南瓜含有丰富的果胶和维生素，具有一定的养生功能。

第二章 营养早餐：健康从每天第一餐开始

红豆莲子银耳粥

制作时间：30 分钟

难 易 度：★★

红豆	30 克
莲子	10 克
银耳	10 克
大米	20 克
冰糖	20 克
饮用水	800 毫升

做　法

1. 银耳提前用饮用水浸泡 4 小时，清洗干净备用。

2. 红豆、莲子和大米用清水淘洗干净备用。

3. 将红豆、莲子、银耳、大米、冰糖和饮用水倒入破壁机内，盖上盖子。

4. 选择"熬粥"功能，待机器完成工作即可倒出食用。

苏苏
有话说

这款粥具有健脾和胃、补气养血、美容养颜的功效，它含有膳食纤维，可以促进胃肠道的蠕动，加速体内毒素排出，减少脂肪吸收，防止便秘。

第二章　营养早餐：健康从每天第一餐开始

鲜虾玉米粥

制作时间：40 分钟

难 易 度：★★★

材　料

新鲜明虾	200 克
玉米粒	100 克
大米	50 克
食用盐	2 克
黑胡椒粉	1 克
生姜	10 克
小葱	10 克
饮用水	800 毫升

做　法

1. 新鲜明虾剥壳去除虾线，用食用盐和黑胡椒粉腌制 10 分钟。

2. 起锅下油，下虾壳、虾头和生姜一起煸炒。

3. 炒出虾油后加饮用水煮 5 分钟，把虾头和虾壳过滤出来，虾汤另外装盘备用。

4. 大米用清水淘洗干净，倒入破壁机内，再倒入玉米粒和虾汤，盖上盖子。

5. 选择"熬粥"功能，待机器完成工作，倒入虾肉和小葱，搅拌均匀，继续选择"熬粥"功能，3 分钟后即可倒出食用。

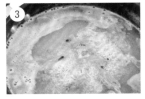

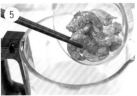

苏苏
有话说

1. 鲜虾放冰箱冷冻一会儿更容易剥壳。

2. 用虾汤煮比用清水煮更鲜，也更提味。

3. 喜欢吃葱和香菜的，出锅后可以放上，味道更佳。

第二章　营养早餐：健康从每天第一餐开始

牛肉萝卜粥

制作时间：30 分钟

难 易 度：★★

材　料

牛里脊	100 克
白萝卜	100 克
大米	50 克
食用盐	2 克
黑胡椒粉	1 克
料酒	20 克
生姜	10 克
小葱	5 克
饮用水	800 毫升

做　法

1. 白萝卜洗净削皮，切小块备用。

2. 大米淘洗干净，倒入破壁机内，再加入白萝卜块和饮用水，盖上盖子，选择"熬粥"功能。

3. 在煮粥期间处理牛里脊，切片后用清水清洗几遍，挤干水分放进碗里。

4. 加食用盐、黑胡椒粉、料酒和生姜，搅拌均匀，腌至粥煮好。

5. 粥煮好后下牛里脊片，搅散开，继续选择"熬粥"功能，盖上盖子待机工作 3 分钟，撒入小葱和食用盐即可倒出食用。

**苏苏
有话说**

1. 牛肉提前腌制可以很好地入味，吃起来口感更好。

2. 萝卜的清甜和牛肉的肉香都比较清淡，喜欢口味重的可以加点生抽调味。

第二章　营养早餐：健康从每天第一餐开始

玉米紫米粥

制作时间：30 分钟

难 易 度：★

材 料

玉米粒	100 克
紫米	50 克
饮用水	800 毫升

做 法

1. 玉米剥出玉米粒备用；紫米用清水淘洗干净备用。

2. 将玉米粒、紫米和饮用水倒入破壁机内，盖上盖子。

3. 选择"熬粥"功能，待机器完成工作即可倒出食用。

苏苏
有话说

玉米本身带有甜味，即使不加别的调料，味道也很清甜。

健康饮品：
美容养颜喝出来

果汁能代替水果吗

"果汁能代替水果吗？"主张不能代替的人认为榨汁机会让水果中的营养成分大量流失，只剩下果糖和水。但这主要针对的是榨汁机只留汁水而弃渣的方式，的确会损失很多膳食纤维和维生素。之所以会将水果榨汁的原因是大多数水果中的植物纤维比较粗，像苹果、雪梨、菠萝等都是吃起来比较费劲的水果，通过榨汁能改变水果的口感。但因口感而失了膳食纤维和维生素有点得不偿失。破壁机的出现恰好解决了这个难题。将水果可食用部分全放进破壁机内，经过"果蔬"功能的洗礼，一杯鲜榨果汁就此诞生。果汁或者蔬菜汁含有丰富的膳食纤维，而膳食纤维其实是一种不易被人体消化的多糖类物质，主要成分是植物的细胞壁。膳食纤维又分为水溶性的纤维和不可溶性的纤维。据相关研究，可溶性膳食纤维具有抑制人体对食物中脂肪和胆固醇的吸收和减缓碳水化合物吸收的速度，有降低血液中低密度胆固醇含量和控制血糖水平的作用。不可溶膳食纤维的主要作用为促进人体粪便的形成，加速将食物残渣和废物排出体内。

那我们每天需要摄入多少膳食纤维才算达标呢？中国营养学会的建议是人体每天至少应摄入 25~30 克膳食纤维。但我们不必刻意去吃很多水果和蔬菜，只需要在三餐中间适当食用水果、蔬菜和五谷类的食材就可以了。

蔬菜汁：元气早餐好搭档

蔬菜汁是一种健康饮品，富含粗纤维素，早餐喝一杯，不仅能补充身体水分和维生素，还能缓解便秘、瘦身美颜。每天一杯蔬菜汁，营养又健康，身体无负担。

奶香玉米汁

制作时间：30 分钟

难 易 度：★

1. 将玉米粒倒入破壁机内，再倒入饮用水，盖上盖子。
2. 选择"玉米汁"功能，待机器完成工作再倒入纯牛奶，搅拌均匀即可倒出饮用。

材　料

纯牛奶	300 毫升
玉米粒	100 克
饮用水	300 毫升

苏苏
有话说

1. 玉米粒带有甜味，对甜度要求更高的可以根据自身口味添加适量冰糖或白砂糖。
2. 使用破壁机制作完成后不需要过滤，如果用普通豆浆机制作可以过滤一遍，得到更细腻的玉米汁。
3. 如果破壁机没有"玉米汁"功能，可选择"米糊"功能代替。
4. 热饮建议半小时内饮用，口感更佳。

第三章　健康饮品：美容养颜喝出来

胡萝卜汁

制作时间：10 分钟

难　易　度：★

材　料

胡萝卜	200 克
饮用水	400 毫升

做　法

1. 胡萝卜洗净削皮，切块备用。
2. 将胡萝卜块倒入破壁机内，再倒入饮用水，盖上盖子。
3. 选择"果蔬"功能，待机器完成工作即可倒出饮用。

苏苏有话说

1. 胡萝卜甜度较低，喜欢喝甜一些的可以加入适量白砂糖。
2. 使用破壁机制作完成后可以适当过滤掉一些泡沫，口感更佳。
3. 为避免氧化导致营养流失，建议半小时内饮用，不宜存放过久。
4. 胡萝卜含大量维生素和类胡萝卜素，经常食用对人体有益处。
5. 如果有真空杯的话，可以将打好的胡萝卜汁倒入真空杯中抽真空保存或直接用真空杯制作，这样能起到延缓氧化反应的作用。

芹菜雪梨汁

制作时间: 10 分钟

难 易 度: ★

材 料

芹菜	100 克
雪梨	300 克
饮用水	300 毫升

做 法

1. 芹菜洗净,切小段备用;雪梨削去外皮,切小块备用。

2. 将芹菜段、雪梨块倒入破壁机内,再倒入饮用水,盖上盖子。

3. 选择"果蔬"功能,待机器完成工作即可倒出饮用。

苏苏有话说

1. 雪梨带有甜味,如果需要更甜的可以加适量白砂糖或者冰糖。

2. 芹菜富含各种维生素和膳食纤维,有很高的营养价值。

第三章 健康饮品:美容养颜喝出来

南瓜核桃露

制作时间：30 分钟

难 易 度：★

1. 南瓜带皮洗净，切小块备用。
2. 将南瓜块、核桃仁和饮用水倒入破壁机内，盖上盖子。
3. 选择"米糊"功能，待机器完成工作即可倒出饮用。

材　料

南瓜	200 克
核桃仁	50 克
饮用水	500 毫升

苏苏
有话说

1. 南瓜带有少许甜味，可以根据自己口味适当加减白砂糖或冰糖。
2. 南瓜含多种糖类、维生素、蛋白质等人体所需营养，建议经常饮用。

菠菜汁

制作时间：10 分钟

难 易 度：★

材　料	
菠菜	150 克
蜂蜜	10 克
饮用水	500 毫升

做　法

1. 菠菜洗净，切小段备用。
2. 起锅烧水，水开后下菠菜段，焯水 10 秒钟捞出，滤干水分。
3. 将菠菜段、蜂蜜和饮用水倒入破壁机内，盖上盖子。
4. 选择"果蔬"功能，待机器完成工作即可倒出饮用。

苏苏
有话说

1. 菠菜没有甜味，对于喝不惯的人而言，可以加蜂蜜来丰富口感。
2. 蔬菜汁容易氧化，建议做好后马上饮用。

第三章　健康饮品：美容养颜喝出来

鲜榨破壁果汁：可以喝的膳食纤维

　　新鲜的水果富含各种营养和维生素，在破壁机超高转速的刀片切割下，水果的营养被充分释放，各种维生素、微量元素和膳食纤维都含在那一杯顺滑无渣的鲜榨果汁里。当馥郁饱满的果香充斥口腔，让人瞬间感到畅快又舒心。喝过之后，鲜甜的气息还会在口中逗留很久，回味无穷。

猕猴桃橙汁

制作时间：10 分钟

难 易 度：★

1. 猕猴桃清洗干净，挖出果肉备用；血橙挖出果肉备用。
2. 将猕猴桃果肉、血橙果肉倒入破壁机内，再倒入蜂蜜和饮用水，盖上盖子。
3. 选择"果蔬"功能，待机器完成工作即可倒出饮用。

材 料

猕猴桃	300 克
血橙	300 克
蜂蜜	20 克
饮用水	200 毫升

苏苏有话说

1. 猕猴桃最好挑软一点的，这样做出来的果汁口味不会太酸。
2. 橙子的种类没有限制，可以用其他橙子代替血橙。
3. 猕猴桃容易氧化，建议最好在半小时内饮用，不宜存放过久。
4. 猕猴桃被认为是接近完美的水果，它含有丰富的维生素C、维生素A、维生素E，且热量很低。

第三章 健康饮品：美容养颜喝出来

酸奶火龙果汁

制作时间：10 分钟

难 易 度：★

材　料

火龙果	300 克
酸奶	100 毫升
饮用水	200 毫升

做　法

1. 火龙果剥去外皮，切小块备用。
2. 将火龙果块倒入破壁机内，再倒入酸奶和饮用水，盖上盖子。
3. 选择"果蔬"功能，待机器完成工作即可倒出饮用。

苏苏
有话说

1. 火龙果本身带有甜味，如果想喝更甜的，可以加适量白砂糖或者冰糖。
2. 若能喝冷饮，可放入冰块，口感更佳。

百香果奶昔

制作时间：10 分钟

难 易 度：★

材 料

百香果	300 克
纯牛奶	350 毫升
炼奶	20 克

做 法

1. 百香果对半切开，用勺子挖出果肉备用。
2. 将百香果肉、纯牛奶和炼奶倒入破壁机内，盖上盖子。
3. 选择"果蔬"功能，待机器完成工作即可倒出饮用。

苏苏 有话说

百香果偏酸，放入炼奶可调和酸味，口感更佳，如果想喝原味的可不加炼奶。

草莓奶昔

制作时间：10 分钟

难 易 度：★

材 料

草莓	300 克
纯牛奶	350 毫升
炼奶	20 克

做 法

1. 草莓洗净，去果蒂备用。
2. 将草莓、纯牛奶和炼奶倒入破壁机内，盖上盖子。
3. 选择"果蔬"功能，待机器完成工作即可倒出饮用。

莲雾西瓜汁

制作时间：10 分钟

难 易 度：★

做　法

1. 莲雾洗净，切小块备用；西瓜取出果肉，切小块备用。
2. 将莲雾块和西瓜块倒入破壁机内，盖上盖子。
3. 选择"果蔬"功能，待机器完成工作即可倒出饮用。

材　料

莲雾	300 克
西瓜	300 克

**苏苏
有话说**

可将西瓜子提前挑出，口感会更好。

第三章　健康饮品：美容养颜喝出来

牛油果奶昔

制作时间：10 分钟

难 易 度：★

做 法

1. 牛油果从中间切开，去果核，将果肉切小块备用。
2. 将牛油果块、纯牛奶和炼奶倒入破壁机内，盖上盖子。
3. 选择"果蔬"功能，待机器完成工作即可倒出饮用。

材 料

牛油果	200 克
纯牛奶	500 毫升
炼奶	20 克

苏苏有话说

牛油果没有太多甜味，加点炼奶调味能让味道更丰富。

车厘子麦片奶昔

制作时间：10 分钟

难 易 度：★

材　料

车厘子	200 克
麦片	30 克
纯牛奶	300 毫升
炼奶	20 克

做　法

1. 车厘子清洗干净，去果蒂和果核备用。
2. 将车厘子果肉、纯牛奶和炼奶倒入破壁机内，盖上盖子。
3. 选择"果蔬"功能，待机器完成工作即可倒出。
4. 在杯子底下铺一层麦片，倒入车厘子奶昔即可食用。

苏苏 有话说

车厘子有甜味，喜欢喝原味的可以不加炼奶。

山楂枸杞子茶：开胃养生必备

　　山楂具有开胃消食、活血化瘀、增强人体免疫力的作用，同时还能抗衰老，枸杞子有良好的滋补肝肾、润燥养肝的功效，两者搭配一同食用对身体有很大益处。

制作时间：20 分钟

难 易 度：★

山楂干	30 克
枸杞子	10 克
饮用水	600 毫升

做　法

1. 山楂干和枸杞子用水清洗干净备用。
2. 将山楂干、枸杞子和饮用水倒入破壁机内，盖上盖子。
3. 选择"花茶"功能，待机器完成工作即可倒出饮用。

苏苏
有话说

1. 山楂具有健胃消食的功效，饭前喝一杯可胃口大开，
   饭后喝一杯有助消化。
2. 如果破壁机没有"花茶"功能，可以选择"加热"功能，
   温度选择 100 度让机器运行 20 分钟。
3. 如果觉得口感太酸，可以加适量冰糖调味。

第三章　健康饮品：美容养颜喝出来

秘制酸梅汤：夏季消暑神器

　　酸梅汤是我国民间传统的清凉饮品，有着悠久的历史。酸梅汤不仅酸甜可口，还可以起生津止渴、健脾开胃、平降肝火的作用。在炎炎夏日喝一杯冰镇酸梅汤，会让人顿感舒畅。

制作时间：80 分钟

难 易 度：★

材料

乌梅	15 克
山楂	40 克
甘草	3 克
玫瑰茄	3 克
桑葚	3 克
陈皮	3 克
冰糖	30 克
桂花蜜酿	20 克
饮用水	1000 毫升

做法

1. 所有食材用清水清洗干净备用。
2. 将所有食材和饮用水倒入破壁机内，盖上盖子。
3. 选择"养生煲"功能，待机器完成工作再倒入桂花蜜酿搅拌均匀即可倒出饮用。

1

2

3

苏苏
有话说

1. 如果买不到所有材料，可买现成的酸梅汤包制作。
2. 乌梅和山楂有去油解腻、开胃健脾的作用，饭前饭后来一杯是不错的选择。
3. 可以将煮好的酸梅汤冰镇一下，味道更佳。

第三章 健康饮品：美容养颜喝出来

红糖姜茶：驱寒补血佳品

若冬天不小心受寒，可以喝一杯暖暖的红糖姜茶，不仅能有效驱寒暖身，还能活络气血。而且平时多喝，也有促进身体排毒、帮助排出体内寒气以及预防风寒感冒等功效。

制作时间：15 分钟

难 易 度：★

材　料

生姜	200 克
红枣	10 克
红糖	50 克
饮用水	800 毫升

做　法

1. 生姜洗净切片，红枣对半切开去核备用。
2. 起锅，不用下油，下生姜片炒干水分备用。
3. 将生姜片、红枣、红糖和饮用水倒入破壁机内，盖上盖子。
4. 选择"养生煲"功能，水沸后煮 15 分钟即可倒出饮用。

苏苏
有话说

1. 炒过的生姜更能释放姜味，建议这一步不要省略。
2. 红糖姜茶有驱寒除湿、预防风寒感冒的功效，适当饮用有助健康。
3. 老姜比嫩姜的姜味更浓，作用更强，适合熬汤煮茶。

Chapter
第四章

4

养生汤羹：
暖心又暖胃

饮食差异造就的独特美味

我国地大物博，人口众多，南北饮食文化差异很大！你还别不信，一碗汤已经将这种差异表现得淋漓尽致。北方的汤以酸菜汤、疙瘩汤、番茄鸡蛋汤等快手汤为主，从下锅到上桌也就十几分钟，讲究的是"利索"。而南方的汤以鸡肉、猪骨等肉类食材搭配药材慢火煮的老火靓汤为主，一般需要提前几个小时烹熬。南北相比，从食材到烹饪方式再到口味都相差巨大，其中起决定性因素的就是地理环境的差异，当然还有很多别的因素，导致即使是同一款汤也会有不同的味道。

那么想做好一锅汤，有哪些需要注意的呢？

首先，选材要新鲜。汤，是将食材的味道和营养融入水中的一种烹饪方式。如果食材新鲜度高，只需一点食用盐调味就能成就一锅鲜美的汤。无论是鱼还是家禽，在宰杀后的 3~5 个小时内，蛋白质和脂肪都处于一个最容易被人体吸收的状态，味道也是最好的。

其次，搭配要合适。无论是南方还是北方，煮汤都不是一锅乱炖，而是一个"1+1＞2"的过程。例如，北方人喜欢吃的酸菜汤，里面的五花肉不仅能中和酸菜的酸味，还能增加肉香味，而酸菜能解五花肉的肥腻，开胃爽口。再如，广东的五指毛桃猪骨汤、椰子鸡汤、田七炖鸡汤等，都在搭配后呈现出了"1+1＞2"的结果。

再次，火候要掌握。广东人煲汤讲究的是"大火烧开，小火慢煮"，因为食材中的蛋白质和鲜香物质在小火长时间的慢煮下才会浸出更多。

最后，要科学掌握煲汤的时间。很多人认为煮的时间越长，汤会越有营养。其实并非如此，不同的食材达到最佳食用状态所花的时间不尽相同。例如，蒸鱼和蒸鸡肉时，若想让鱼肉和鸡肉都达到嫩滑脆爽的状态，就要严格控制各自蒸制的时间。

另外，需要注意的是，煲汤时不要放食用盐，因为食用盐容易使食材水分流出，导致蛋白质凝固，降低汤的鲜味。

现在，你知道怎么烹煮一锅美味汤了吧！

三七炖鸡汤：
秋冬进补好帮手

　　三七素有"南参之王"的美称，具有一定化瘀止血和活血止痛的功效。三七和鸡肉一同炖煮制成药膳，能够益气补虚、温中补脾，适合身体虚弱的人食用。三七的清凉苦味刚好能中和鸡汤的油腻感，二者相辅相成，可谓美味与健康兼得的滋补佳品。

制作时间：90 分钟

难 易 度：★★

材 料

新鲜土鸡	400 克
三七	5 克
生姜	20 克
食用盐	2 克
饮用水	800 毫升

做 法

1. 新鲜土鸡改刀成大块，洗净备用。

2. 起锅烧水，新鲜土鸡肉块冷水下锅，焯水捞出洗净备用。

3. 三七放入破壁机研磨杯内，盖上盖子，选择"果蔬"功能，用机器把三七打成粉末倒出备用。

4. 将土鸡肉块、三七粉、生姜和饮用水加入破壁机内，盖上盖子，选择"养生煲"功能，待机器完成工作，加入食用盐调味即可。

**苏苏
有话说**

1. 三七属于中药材，孕妇不能饮用。

2. 三七可以一次多打一些，密封好放入干燥的地方保存，分几次使用。

3. 三七硬度很大，一定要用破壁机的研磨杯进行研磨，研磨过程中噪声较大，属于正常现象。

4. 鸡肉选新鲜老鸡或土鸡，煲出来的汤味道更浓、更香。

第四章 养生汤羹：暖心又暖胃

鲫鱼浓汤：超鲜的中式浓汤

大多数人做鲫鱼汤时，都是熬煮后喝汤吃肉，有时会被鱼刺扎伤。用破壁机可以将整条鱼粉碎，鱼骨中丰富的钙质能充分地融入鱼汤中，一点也没有浪费。顺滑的浓汤流淌在舌尖，就连小孩和老人都可以大口喝汤，不必担心鱼刺。

制作时间：30 分钟

难 易 度：★★

材 料

鲫鱼	1 条（约 400 克）
白胡椒粉	1 克
生姜	20 克
食用盐	2 克
小葱	10 克
饮用水	800m 毫升

做 法

1. 鲫鱼提前宰杀好，清洗干净备用。

2. 起锅下油，锅热后下鲫鱼煎至两面金黄备用。

3. 将煎好的鲫鱼、白胡椒粉、生姜和饮用水倒入破壁机内，盖上盖子。

4. 选择"米糊"功能，待机器完成工作，加入小葱和食用盐调味即可。

苏苏
有话说

1. 鲫鱼尽量煎熟一些，这样做出来的汤风味更佳。

2. 虽然破壁机会把鱼骨打碎，但仍建议饮用前过滤一遍，以防还有细骨。

羊肉萝卜清汤：冬日暖洋洋

　　羊肉虽然有温补的作用，可以补气血，但吃多了
容易上火。而白萝卜性寒，能消食健胃，还有吸味的能
力，和羊肉简直就是天造地设的一对。喝完这样的一碗
汤后浑身暖暖的，再也不用担心冬天的寒冷啦！

制作时间：80 分钟
难易度：★★

材料

羊肉	300 克	红枣	10 克
白萝卜	100 克	生姜	15 克
胡萝卜	100 克	枸杞子	3 克
党参	10 克	白胡椒粉	2 克
沙参	10 克	食用盐	2 克
淮山干	5 克	饮用水	800 毫升
玉竹	5 克		

做 法

1. 羊肉洗净，切小块。

2. 羊肉块冷水下锅加热焯水，再倒出清洗干净。

3. 将羊肉块、白萝卜、胡萝卜、党参、沙参、淮
   山干、玉竹、红枣、生姜和饮用水倒入破壁机
   内，盖上盖子。

4. 选择"养生煲"功能，待机器完成工作，加入
   枸杞子、白胡椒粉和食用盐调味即可。

苏苏
有话说

1. 羊肉一定要选新鲜且肥瘦适中的肉，这样
   做出来的口感才更好。

2. 在秋季到冬季的换季期间，人体常会有体
   虚、畏寒等情况，这时吃羊肉对人体非常
   有益。

第四章 养生汤羹：暖心又暖胃

木瓜桃胶炖纯牛奶：
四季常在的小确幸

制作时间：25 分钟

难 易 度：★

　　如果习惯在下午茶时间来点小甜汤喝一喝，那可以选择这款木瓜桃胶炖纯牛奶。吸饱了汤汁的桃胶软糯又有弹性，舀起一勺，吸溜进嘴里，瞬间可以将心里的烦闷一扫而空。木瓜纯牛奶的汤底也很妙，热吃温润，冷吃清凉，不仅养颜，脂肪含量还低，简直就是治愈心灵的小确幸！

材　料

桃胶	20 克
木瓜	100 克
冰糖	20 克
纯牛奶	300 毫升
饮用水	400 毫升

做　法

1. 桃胶用清水提前浸泡 12 小时，完全泡发。
2. 木瓜削皮，切成适合一口嚼下去的小块。
3. 将泡发的桃胶、木瓜块、冰糖和饮用水倒入破壁机内，盖上盖子。
4. 选择"养生煲"功能，待机器运行 20 分钟，倒入纯牛奶，稍微搅拌均匀即可倒出食用。

苏苏
有话说

1. 桃胶一定要泡足时间，这样煮起来才容易出胶，20 克桃胶可以泡出一大碗。
2. 因为大量纯牛奶在破壁机内煮会糊底，建议最后再倒入。
3. 木瓜要选熟一点的，否则味道和口感都不好。

1

2

3

4

第四章　养生汤羹：暖心又暖胃

银耳红枣汤：
燕窝的平价替代品

制作时间：35 分钟

难 易 度：★

俗话说，外行吃燕窝，内行吃银耳。银耳具有除燥润肺、宁心安神的功效，是养生人士必备的食品之一，其经典搭配是红枣。胶质满满的银耳顺着喉咙滑到胃里，冰糖的丝丝甜味滋润心田，身心都得到了满足。吃上一整碗，剩下一点淡淡的红枣香留在嘴里，回味无穷。用破壁机的"养生煲"功能，炖银耳只需要30分钟左右，完美地节省了时间。

材　料

银耳	10 克
红枣	15 克
枸杞子	5 克
冰糖	30 克
饮用水	800 毫升

做　法

1. 银耳用常温水提前浸泡 4 个小时，完全泡发后撕成小朵清洗干净。
2. 将银耳、红枣、枸杞子、冰糖和饮用水倒入破壁机内，盖上盖子。
3. 选择"养生煲"功能，待机器工作 30 分钟即可倒出食用。

苏苏有话说

1. 泡银耳的水要多一些，因为银耳泡发后体积会持续增大，一定要保证水量没过银耳。
2. 品质好的银耳煮出来的汤更好喝。

第四章　养生汤羹：暖心又暖胃

虾仁玉米鸡蛋羹：简单的家常味

　　"羹"是一种非常好的烹饪方式，吃起来比汤更浓稠顺滑，但鲜美滋味丝毫不减。这道虾仁玉米鸡蛋羹温和滋润，四季皆宜食用。只需要简单调味，就能将食材原本的味道发挥到极致。

制作时间：20 分钟

难 易 度：★

材　料

虾仁	200 克
玉米粒	50 克
鸡蛋	2 个
香菜	10 克
小葱	10 克
玉米淀粉	40 克
食用盐	2 克
白砂糖	2 克
黑胡椒粉	2 克
饮用水	700 毫升

做　法

1. 虾仁加黑胡椒粉和食用盐，搅拌均匀，腌制 10 分钟。

2. 破壁机内倒入饮用水，盖上盖子，选择"加热"功能，将温度设置为 100 度，按"开始"按钮。

3. 水开后，打开顶盖放入虾仁和玉米粒，继续加热至 100 度，煮 3 分钟。

4. 玉米淀粉用饮用水调成淀粉水，碗里打入鸡蛋，打散成蛋液。

5. 打开破壁机盖子调味，加入食用盐、白砂糖、淀粉水、鸡蛋液、小葱和香菜，用筷子搅拌均匀，盖上盖子。

6. 继续选择"加热"功能，加热至 100 度即可倒出食用。

**苏苏
有话说**

1. 粤菜里的羹是包含多种食材调成的浓汤，以食材本味为主，以细腻柔顺的口感为辅。

2. 羹的成形要靠淀粉水，将汤的浓度调至食材可以均匀分布在汤的每个位置上而不沉底就可以了。

第四章　养生汤羹：暖心又暖胃

党参花生猪脚汤：秋冬滋补靓汤

广东人的厨房里，党参必会占据一席之地。党参味甘、性平，有补中益气、健脾益肺的功效，与富含胶原蛋白的猪脚同煮，多了美容养颜的功效，非常适合秋冬季节食用。炖好的猪脚油润而不腻，外皮充满嚼劲；花生吸饱了汤汁，鲜香软嫩，一口一个，最是过瘾。

制作时间：80 分钟

难 易 度：★

材　料

猪脚	300 克
花生	100 克
党参	10 克
生姜	20 克
食用盐	2 克
饮用水	800 毫升

做　法

1. 花生提前用清水浸泡 2 小时；党参和猪脚用清水清洗干净。

2. 起锅烧水，猪脚冷水下锅加热焯水，再用清水洗净。

3. 将猪脚、花生、党参、生姜和饮用水倒入破壁机内，盖上盖子。

4. 选择"养生煲"功能，待机器完成工作，加入食用盐简单调味即可食用。

苏苏
有话说

1. 花生提前浸泡后再煮才能让口感更软烂，可以做出粉糯的口感。

2. 猪脚选前腿或后腿都可以，只要煲的时间够就行。

猪脚姜醋：女性滋补必备品

猪脚姜醋又叫猪脚姜，是广东女性坐月子的必备滋补品。姜能驱寒祛湿、行气活血，在冬冷春寒或身体虚弱时食用能补气活络、驱寒祛风。这款美食还会用到极具广东地方特色的甜醋，除了可以增添风味，还能充分溶解猪脚中的钙质，使其更易被人体吸收。

制作时间：90 分钟

难 易 度：★★

材 料

猪脚	300 克
生姜	200 克
熟鸡蛋	2 个
食用盐	2 克
甜醋	800 毫升
红糖	50 克

做 法

1. 生姜清洗干净，切厚片备用。

2. 起锅烧水，猪脚冷水下锅加热焯水，再清洗干净备用。

3. 起锅，不用下油，将生姜片倒进锅内，炒干水分备用。

4. 将生姜片、猪脚、熟鸡蛋、食用盐和甜醋倒入破壁机内，盖上盖子。

5. 选择"养生煲"功能，待机器完成工作，加入红糖调味即可食用。

苏苏
有话说

1. 猪脚姜是广东传统名菜，属于女性滋补食品，但不限于女性食用。

2. 品牌不同，甜醋的酸甜度也不同，可以用红糖调出适合自己的味道。

3. 猪脚姜的定位类似小吃，酸甜味非常突出且强烈，第一次吃的朋友要做好心理准备。

4. 建议出锅前再加红糖，否则容易糊底。

第四章 养生汤羹：暖心又暖胃

竹荪炖鸡汤：餐桌的排面担当

竹荪作为"草八珍"之一，登上过国宴菜单，周恩来总理还用其招待过美国特使基辛格。这种长相独特的菌类含有丰富的氨基酸和无机盐，还含有抗肿瘤的多糖物质。和鸡肉炖成一锅汤，更能吸收鲜味精华，吃起来脆爽有弹性，咬一口直接可以爆浆，非常过瘾。

制作时间：90 分钟

难 易 度：★★

材　料

竹荪干	10 克
新鲜鸡肉	300 克
红枣	10 克
生姜	20 克
枸杞子	3 克
食用盐	2 克
饮用水	1000 毫升

做　法

1. 竹荪干提前用清水浸泡软，洗净杂质备用。

2. 新鲜鸡肉切小块，用清水清洗干净备用。

3. 起锅烧水，鸡肉块冷水下锅加热焯水，再清洗干净备用。

4. 将新鲜鸡肉块、竹荪、红枣、生姜和饮用水倒入破壁机内，盖上盖子。

5. 选择"养生煲"功能，待机器完成工作放入枸杞子和食用盐调味即可食用。

苏苏
有话说

1. 一般竹荪干含有少量泥沙杂质，需要多清洗几遍。

2. 鸡肉选新鲜老鸡或土鸡，煲出来的汤味道更浓、更香。

3. 枸杞子煮太久容易软烂，从而影响口感，建议出锅前 10 分钟再放入。

第四章　养生汤羹：暖心又暖胃

茶树菇龙骨汤：粤式经典靓汤

　　茶树菇龙骨汤是粤菜中的一道经典汤品。茶树菇富含人体所需的 18 种氨基酸，同时具有消脂、清肠胃的作用。经过长时间的炖煮，龙骨的肉汁毫不吝啬地被析出，茶树菇的菌香更是"点睛之笔"。汤的些许油腻被茶树菇吸收，留下的是舌尖上挥之不去的鲜。

制作时间：90 分钟

难 易 度：★★

材　料

干茶树菇	20 克
猪骨	300 克
生姜	20 克
红枣	10 克
食用盐	2 克
饮用水	1000 毫升

做　法

1. 干茶树菇提前用清水浸泡，泡软洗净备用。
2. 起锅烧水，猪骨冷水下锅加热焯水，再清洗干净备用。
3. 将茶树菇、猪骨、生姜、红枣和饮用水倒入破壁机内，盖上盖子。
4. 选择"养生煲"功能，待机器完成工作放入食用盐调味即可食用。

苏苏
有话说

1. 猪骨的类型不限，以瘦肉多、脂肪少的猪龙骨最佳。
2. 猪骨应提前焯水焯透再洗净，否则会影响汤色。

羊肚菌虫草鸡汤：养生汤品界的"一把手"

这道汤品的两个主角都是煲汤时以鲜美闻名的食材。当两者一同出现时，简直就是舌尖上的极致享受。羊肚菌称得上食材界的"营养学霸"，蛋白质含量接近 28%，具有 18 种以上氨基酸以及丰富的不饱和脂肪酸、维生素等营养元素。因此，全世界都将其视为珍稀食材。而虫草花既是菌类，也是中药，但煲汤后不仅没有中药味，喝起来还很清甜。这也是它被大众青睐的重要原因之一。

制作时间：90 分钟

难 易 度：★★

材　料

羊肚菌	10 克	桂圆干	10 克
虫草花	10 克	枸杞子	3 克
新鲜鸡肉	300 克	食用盐	2 克
生姜	20 克	饮用水	1000 毫升
红枣	5 克		

做　法

1. 羊肚菌提前用清水浸泡，泡软后清洗干净。
2. 新鲜鸡肉切小块，用清水清洗干净备用。
3. 起锅烧水，新鲜鸡肉块冷水下锅加热焯水，再清洗干净备用。
4. 将羊肚菌、虫草花、新鲜鸡肉块、生姜、红枣、桂圆干和饮用水倒入破壁机内，盖上盖子。
5. 选择"养生煲"功能，待机器完成工作放入枸杞子和食用盐调味即可食用。

苏苏有话说

一般羊肚菌含有少量泥沙杂质，需要多清洗几遍。

第四章　养生汤羹：暖心又暖胃

Chapter
第五章
5

宝宝辅食：
美食常伴健康成长

辅食常见问题答疑

吃得好与不好，对宝宝的成长发育和提升身体免疫力有至关重要的作用。

Q：应该从什么时候开始给宝宝添加辅食？

A：无论是世界卫生组织、美国儿科学会，还是中国营养学会，都建议给 0~6 月龄的宝宝进行纯母乳喂养。对于健康足月出生的宝宝，引入辅食的最佳时间为满 6 月龄（即出生 180 天后）。此时，宝宝的胃肠道已发育得相对完善，同时宝宝的口腔运动功能、味觉与嗅觉等感知能力也已准备好接收新的食物。但每个宝宝情况不一样，并不是所有宝宝都必须严格按照 6 月龄这个标准添加辅食的。辅食添加最早不能早于 4 月龄，最晚不能晚于 8 月龄。

Q：如何从无到有地添加辅食？

A：可以遵循以下原则：①"由一到多"的原则：添加新种类时，需要和前一种间隔 3~4 天，且每次只添加 1 种，这样能及时发现宝宝对哪种食物过敏。添加的时间最好是白天的午餐，方便后续观察。至于添加量，新种类的食物从 1 勺开始添加，逐渐增加到 2~3 勺。②"由细稀到粗稠"的原则：如水状→泥糊状→碎末状→粒块状→条状。其中，泥糊状食物需要用破壁机加适量饮用水制作，而碎末状食物不需要加饮用水，粒块状食物可以直接切好，条状食物可以用刀切或模具塑形而成。

Q：好的辅食是怎样的？

A：首先要包含四大类食物，即谷物、蔬菜、水果和肉鱼蛋豆类，亦可加入奶类食物来丰富菜式。其次需要多样化，让宝宝接触不同口味的辅食，如不同颜色的水果、蔬菜。最后注意的是辅食应适合宝宝当前的咀嚼能力。

牛肉土豆饼: 宝宝补铁 "小帮手"

牛肉的营养十分全面，富含蛋白质、铁、锌，是宝宝摄入铁、锌的良好来源。将牛肉和土豆打成细腻的肉泥，再做成肉饼，既有牛肉的香味，又有土豆泥的绵软，既能补充能量，还能提供优质的碳水化合物。

制作时间: 30 分钟

难 易 度: ★★

牛肉	100 克
土豆	100 克
胡萝卜	50 克
玉米淀粉	20 克
黑胡椒粉	1 克
鸡蛋	1 个

做　法

1. 牛肉切小块；土豆和胡萝卜削皮，切小块。

2. 起锅烧水，土豆块放蒸锅蒸 15 分钟，蒸熟备用。

3. 将牛肉块、土豆块、胡萝卜块、玉米淀粉、黑胡椒粉和鸡蛋液倒入破壁机内，盖上盖子。

4. 选择"DIY"功能，调至 3 挡，用破壁机搅拌棒将食材搅拌，打成泥。

5. 取出肉泥，装进裱花袋中。

6. 起锅下油，全程用小火，将裱花袋里的肉泥挤入模具中，在锅中煎熟即可食用。

苏苏
有话说

1. 因为做的是宝宝辅食，所以不建议放调料，如果是大孩子吃可以适当添加调料。

2. 选用新鲜牛肉，这样做出来的牛肉不会有腥味。

3. 牛肉等食材要打得细腻一些，这样宝宝咀嚼起来更容易，而且容易消化吸收。

4. 使用搅拌棒配合破壁机工作能让食材搅得更均匀。

5. 可以一次做好一天的量，这样宝宝饿了就能随时吃到。

虾仁土豆泥: 营养主食"优等生"

鲜虾肉质细嫩,味道鲜美,还含有丰富的钙、磷、钾。土豆富含膳食纤维,可以促进肠道蠕动。二者一同制成细腻的泥状食物,更有助于宝宝吞咽。

制作时间: 30 分钟

难 易 度: ★

材　料

新鲜虾仁	100 克
土豆	100 克
纯牛奶	100 毫升

做　法

1. 土豆清洗干净削皮，切小块。
2. 起锅烧水，土豆块放蒸锅蒸 15 分钟，蒸熟备用。
3. 起锅下油，新鲜虾仁下锅炒熟备用。
4. 将土豆块、新鲜虾仁和纯牛奶倒入破壁机内，盖上盖子。
5. 选择"DIY"功能，调至 3 挡，用搅拌棒将食材搅拌，打成泥状即可食用。

**苏苏
有话说**

1. 用新鲜虾仁做不会有腥味，宝宝更喜欢吃。
2. 作为 1 岁以下宝宝的辅食，建议不要添加任何调料，用好的食材制作即可。

第五章　宝宝辅食：美食常伴健康成长

山药虾仁饼：老少皆宜的养胃小零食

山药是一种药食同源的食材，可咸可甜。软糯的山药搭配鲜嫩的虾仁，吃起来松软可口，还带着丝丝回甘。把饼做成宝宝喜欢的形状，可以引起宝宝的兴趣，同时可以更好地吸收营养。

制作时间：20 分钟

难 易 度：★

材　料

铁棍山药	100 克
玉米粒	100 克
新鲜虾仁	100 克
玉米淀粉	20 克
鸡蛋	1 个

做　法

1. 铁棍山药削皮，切小块，放入蒸锅蒸熟。
2. 将铁棍山药块、玉米粒、新鲜虾仁、玉米淀粉、鸡蛋液倒入破壁机内，盖上盖子。
3. 选择"DIY"功能，调至3挡，用搅拌棒将食材搅拌，打成泥。
4. 取出肉泥，装进裱花袋中。
5. 起锅下油，全程用小火，将裱花袋里的肉泥挤入模具中，在锅中煎熟即可食用。

苏苏
有话说

有的人的皮肤碰到山药的黏液会出现过敏红痒的情况，建议削皮的时候戴上手套。

紫薯燕麦糊：粗粮也有好滋味

紫薯和燕麦都属于粗粮，含有丰富的膳食纤维，有助于宝宝排便。缺点是吃起来都偏干，因此建议用破壁机制成糊状，这样对宝宝来说更适口。相对于红薯，紫薯的营养价值更高，含有硒元素和花青素。用紫薯做出来的这款米糊呈现出淡淡的紫色，还自带甘甜味，没准会俘获宝宝的心！

制作时间：30 分钟

难 易 度：★

材 料

紫薯	100 克
燕麦	20 克
饮用水	400 毫升

做 法

1. 紫薯清洗干净，削皮切小块备用。
2. 将紫薯块、燕麦和饮用水倒入破壁机内，盖上盖子。
3. 选择"米糊"功能，待机器完成工作即可倒出食用。

1

2

3

苏苏
有话说

1. 紫薯带有一定甜味，不需要额外加糖。
2. 将食材打成流体状，更适合低月龄的宝宝吃，也更容易被吸收。

山药红枣糊：宝宝的健康甜品

山药和红枣都是非常温和的食材，山药口感绵软，含有淀粉酶、多酚氧化酶等物质，可促进消化，是制作辅食的优质食材。而红枣自带甜味，能够增加口感，同时还能增强宝宝的抵抗力。

制作时间：30 分钟

难 易 度：★

材 料

铁棍山药	100 克
红枣	10 克
饮用水	400 毫升

苏苏有话说

红枣一定要去核，不然会影响味道。

做 法

1. 铁棍山药洗净削皮，切小块备用；红枣去核，清洗干净备用。
2. 将铁棍山药块、红枣和饮用水倒入破壁机内，盖上盖子。
3. 选择"米糊"功能，待机器完成工作即可倒出食用。

燕麦核桃糊：吃出聪明大脑

核桃中丰富的亚油酸和α-亚麻酸可以转化为 DHA，适量摄入有助于宝宝的大脑发育。燕麦则可以促进宝宝的肠胃蠕动，防止便秘。

制作时间：30 分钟
难 易 度：★

材　料	
燕麦	20 克
核桃仁	10 克
大米	20 克
饮用水	300 毫升

做　法

1. 将燕麦、核桃仁和大米清洗干净备用。
2. 将燕麦、核桃仁、大米和饮用水倒入破壁机内，盖上盖子。
3. 选择"米糊"功能，待机器完成工作即可倒出食用。

酸奶紫米露：健康美味两不误

酸奶和紫米的这个搭配曾是某网红奶茶店的招牌，吃起来既香醇又可口，既能提供饱腹感，又相对健康。给宝宝做米露时，建议用破壁机的"米糊"功能，这样营养能够更好地被吸收，也能避免因不完全咀嚼而导致的消化不良。

制作时间：30 分钟

难 易 度：★

材 料

紫米	20 克
酸奶	100 毫升
饮用水	300 毫升

做 法

1. 紫米淘洗干净，和饮用
   水一同倒入破壁机内，
   盖上盖子。
2. 选择"米糊"功能，待机
   器完成工作，倒入酸奶。
3. 简单搅拌均匀，即可倒
   出食用。

第五章 宝宝辅食：美食常伴健康成长

苏苏
有话说

建议一周岁以上的宝宝吃酸奶，如果是一周岁以下，可
以只吃紫米糊，不添加酸奶。

鲜肉香菇蒸饺：宝宝的专属味道

饺子向来是中国人爱吃的美食之一。一张薄薄的面皮里，包的不仅是蔬菜和肉，还有丰富的营养和没说出口的爱。成长伴随着每一个人，而我们会在岁月的长河里学会包饺子。

制作时间：30 分钟

难 易 度：★★★

材 料		
猪瘦肉	200 克	
干香菇	30 克	
胡萝卜	50 克	
玉米粒	50 克	
生姜	10 克	
白胡椒粉	1 克	
小葱	10 克	
饺子皮	150 克	（约20张）

做 法

1. 干香菇提前用饮用水泡软备用。

2. 猪瘦肉洗净切小块备用；胡萝卜削皮，切小粒；香菇洗净，切小粒。

3. 将猪瘦肉块、生姜、白胡椒粉和小葱放入破壁机内。

4. 选择"DIY"功能，调至 3 挡，用搅拌棒将肉馅搅拌。

5. 倒出肉馅，将胡萝卜粒、玉米粒和香菇粒倒入肉馅中，搅拌均匀。

6. 用饺子皮包成饺子，饺子皮可以做得小一点，方便宝宝食用。

7. 起锅烧水，水开后将饺子放入蒸锅蒸 10 分钟即可食用。

苏苏
有话说

1. 用此种做法包好的饺子也可以做水饺或煎饺。

2. 饺子皮的量仅供参考，可以根据宝宝和大人的饭量进行调整。

3. 用破壁机打肉馅要选择中挡位，配合搅拌棒均匀打成肉馅，若用高挡位则会打成肉泥。

4. 因给宝宝吃，做馅的时候没有加太多调料，如果是大人吃可以自制一些蘸料。

5. 建议一岁以上的宝宝吃饺子，一岁以内的宝宝以米糊和流食为主。

第五章 宝宝辅食：美食常伴健康成长

鲜肉云吞：口口鲜香最满足

以前不想做饭的时候，会经常到楼下吃一碗云吞。但外面买的云吞，总觉得肉少，于是常常想起妈妈包的云吞，会把肉馅塞得满满的，每一口吃下去都觉得很满足。

制作时间：30 分钟

难 易 度：★★★

材　料

猪瘦肉	200 克
胡萝卜	50 克
生姜	10 克
白胡椒粉	1 克
小葱	10 克
云吞皮	150 克（约 20 张）

做　法

1. 猪瘦肉洗净，切小块备用；胡萝卜削皮洗净，切小块备用。
2. 将猪瘦肉块、胡萝卜块、生姜、白胡椒粉和小葱放入破壁机内。
3. 选择"DIY"功能，调至 3 挡，用搅拌棒将肉馅搅拌，打成肉泥。
4. 云吞皮用擀面杖擀得薄一些，均匀放上肉泥，再盖上一层云吞皮。
5. 用模具刻出各种形状，再反复捏紧一些。
6. 起锅烧水，水开后下锅煮熟即可食用。

苏苏
有话说

1. 煮云吞时最好用高汤，若没有也可以用清水，加点紫菜。
2. 可以用虾仁代替猪瘦肉，营养也十分丰富。
3. 云吞皮的量仅供参考，可以根据宝宝的饭量进行调整。
4. 肉馅可以打得细腻一些，这样宝宝更容易消化。

第五章　宝宝辅食：美食常伴健康成长

蔬菜面：对付挑食的好办法

尽管有的小朋友比较挑剔，但他们很可能会因为艳丽的颜色去尝试一种新的食物。将蔬菜打碎成汁加入面团，做出颜色鲜艳的果蔬面，不仅能激起宝宝的食欲，还是应对宝宝挑食的一种有效方法。下面是四种颜色的果蔬面，清新的菠菜面、活力的胡萝卜面、优雅的紫甘蓝面和明亮的南瓜面。

青翠菠菜面

制作时间：20 分钟

难 易 度：★ ★

材 料

菠菜	50 克
高筋面粉	200 克
食用面碱	2 克
饮用水	80 毫升

做 法

1. 菠菜清洗干净，放入破壁机内，再倒入饮用水，盖上盖子。

2. 选择"果蔬"功能，待机器完成工作，用网筛将菠菜汁过滤一遍。

3. 在面粉碗里放入高筋面粉和食用面碱，再倒入菠菜汁，一边搅拌一边倒，直至面粉呈絮状。

4. 把絮状面粉揉成面团，静置 20 分钟。

5. 将发好的面团用擀面杖擀至 0.3 厘米薄，用模具印出宝宝喜欢的形状，边角料可以再揉一次，擀开，重复此操作。

6. 放入开水煮熟即可食用。

苏苏
有话说

1. 面团发至不软不硬的状态最佳，软了会比较黏，煮的时候容易烂，硬了又擀不开。

2. 蔬菜面可以一次多做一些，做好后铺开自然晾干，密封保存，随吃随取。

第五章 宝宝辅食：美食常伴健康成长

胡萝卜面

制作时间：20 分钟

难 易 度：★★

材 料

胡萝卜	100 克
高筋面粉	200 克
食用面碱	2 克
饮用水	100 毫升

做 法

1. 胡萝卜清洗干净，切大块，放入破壁机内，再倒入饮用水，盖上盖子。

2. 选择"果蔬"功能，待机器完成工作，用网筛将胡萝卜汁过滤一遍。

3. 在面粉碗里放入高筋面粉和食用面碱，再倒入胡萝卜汁，一边搅拌一边倒，直至面粉呈絮状。

4. 把絮状面粉揉成面团，静置 20 分钟。

5. 将发好的面团用擀面杖擀开擀薄，用模具印出宝宝喜欢的形状。

6. 放入开水煮熟即可食用。

紫甘蓝面

制作时间：20 分钟

难 易 度：★★

材　料

紫甘蓝	50 克
高筋面粉	200 克
饮用水	80 毫升

做　法

1. 紫甘蓝清洗干净，放入破壁机内，再倒入饮用水，盖上盖子。
2. 选择"果蔬"功能，待机器完成工作，用网筛将紫甘蓝汁过滤一遍。
3. 将紫甘蓝汁倒入高筋面粉中，一边搅拌一边倒，直至面粉呈絮状。
4. 把絮状面粉揉成面团，静置 20 分钟。
5. 将发好的面团用擀面杖擀开擀薄，用模具印出宝宝喜欢的形状。
6. 放入开水煮熟即可食用。

南瓜面

制作时间：20 分钟

难 易 度：★★

材 料

南瓜	100 克
高筋面粉	200 克
食用面碱	2 克
饮用水	100 毫升

做 法

1. 南瓜清洗干净，削皮后切小块，放入破壁机内，再倒入饮用水，盖上盖子。

2. 选择"果蔬"功能，待机器完成工作，用网筛将南瓜汁过滤一遍。

3. 在面粉碗里放入高筋面粉和食用面碱，再倒入南瓜汁，一边搅拌一边倒，直面粉呈絮状。

4. 把絮状面粉揉成面团，静置 20 分钟。

5. 将发好的面团用擀面杖擀开擀薄，用模具印出宝宝喜欢的形状。

6. 放入开水煮熟即可食用。

苹果胡萝卜泥：
宝宝的能量源

苹果具有健脾胃、补气血的功效，对肠胃功能没有完全发育好的宝宝是非常友好的。胡萝卜中含有丰富的胡萝卜素，在体内可转化成维生素 A，对促进宝宝的生长发育及维持正常的视觉功能具有十分重要的作用。

制作时间：10 分钟

难 易 度：★

材 料		
苹果		200 克
胡萝卜		200 克
饮用水		50 毫升

做 法

1. 苹果和胡萝卜削皮，切果肉备用。
2. 将苹果肉、胡萝卜和饮用水倒入破壁机内，盖上盖子。
3. 选择"果蔬"功能，待机器完成工作即可食用。

苏苏
有话说

1. 苹果极易氧化，建议用破壁机的真空杯制作，或做好后倒入真空杯中保存，最好是现吃现做。
2. 如果想做得更浓稠一些，可以不加饮用水。

水煮虾滑：鲜香的"代言人"

在家用破壁机制作的虾滑，比超市卖的速冻虾滑肉多且卫生。做好的虾滑吃起来爽滑有嚼劲，在唇齿咀嚼之间，虾的鲜香迸发出来，简直是一种至尊的享受。

制作时间：20 分钟

难 易 度：★★

材 料

新鲜虾仁	300 克
生姜	5 克
小葱	5 克
鸡蛋	2 个

做 法

1. 将新鲜虾仁、生姜、小葱和鸡蛋白倒入破壁机内，盖上盖子。
2. 选择"DIY"功能，调至 3 挡，稍微打碎成颗粒状即可。
3. 起锅烧水，水开后调小火，把虾滑挤成虾丸下入锅中。
4. 水开后煮 1 分钟即可食用。

苏苏
有话说

1. 这款辅食版的虾滑是不用加调料的，不建议宝宝吃过多调料。
2. 虾滑不要挤得太大，否则会影响宝宝食用。
3. 选用新鲜虾仁做虾滑，营养价值高，口感也相对好一些。

第五章 宝宝辅食：美食常伴健康成长

自制鸡肉香肠：无添加，更放心

　　宝宝到了 11 个月大时，可吃的食物种类会增多，可以搭配不同的食材做成带小颗粒的条状香肠，既美味又能锻炼宝宝的抓握能力。选用鸡肉做主要食材，是性价比非常高的选择。相比猪肉，鸡肉更好消化，也更加低脂、健康。

制作时间：30 分钟

难 易 度：★ ★ ★

材　料

鸡胸肉	150 克	鸡蛋	2 个
猪瘦肉	150 克	玉米淀粉	5 克
干香菇	15 克	白胡椒粉	2 克
胡萝卜	50 克	食用盐	2 克
玉米粒	50 克	食用油	10 克
青豆	30 克		

做　法

1. 干香菇提前浸泡，泡软；鸡胸肉和猪瘦肉洗净，切小块备用；胡萝卜削皮，切小块备用。

2. 将泡发的香菇、鸡胸肉块、猪瘦肉块、胡萝卜块、白胡椒粉、食用盐和鸡蛋清倒入破壁机内，盖上盖子。

3. 选择 "DIY" 功能，调至 3 挡，配合搅拌棒将食材搅打成肉糜，倒出备用。

4. 将打好的肉糜和玉米粒、青豆混合，朝一个方向搅打，搅打上劲，至肉糜黏手。

5. 再倒入玉米淀粉继续搅拌均匀，用手团成大小一样的丸子。

6. 取一张锡纸，在哑光面刷点食用油，放入肉馅卷起来，两边像卷糖果一样卷起来即可。

7. 起锅烧水，水开后将香肠放入蒸锅中，用小火蒸 15 分钟取出。

8. 待香肠放凉后拆掉锡纸，起锅下油，将香肠煎至表面金黄即可食用。

苏苏有话说

1. 这款香肠适合一岁以上的宝宝吃。

2. 因为自制香肠没有添加剂，所以不耐放，建议煮熟后冷藏保存不超过三天，每次吃的时候再煎一下。

第五章　宝宝辅食：美食常伴健康成长

Chapter **6**
第六章

网红甜品：
愿你的人生一直甜

糖的奥秘

糖到底是好是坏可能一直存在争论。

碳水化合物、蛋白质、脂类、维生素、矿物质、膳食纤维是人体必需六大营养素，其中有三大物质是可以互相转化的，分别是碳水化合物、蛋白质、脂类，而碳水化合物其实就是我们平时所说的糖，它是维持人体生命活动所需能量的主要来源。

大部分人认为碳水化合物就是米饭、面条这类食物，其实无论有甜味的麦芽糖、葡萄糖，还是没有甜味的淀粉都属于糖，而它们只是碳水化合物中的一种。

因为各种糖的分子结构不同，人体对其有氧氧化的效率不同。由于单糖是无法再水解的最小的糖分子，双糖需要水解成单糖后才能发生有氧氧化，而多糖需要通过更复杂的水解过程，所以有氧氧化的效率为：单糖＞双糖＞多糖。

这就是为什么我们在低血糖的时候需要先喝一杯葡萄糖，在生病不方便进食的时候会输葡萄糖液，因为葡萄糖是有氧氧化效率最高的单糖，能快速为人体供能。

三大物质是可以互相转化的，如果糖吃多了，就会转化为脂肪作为能源物质被储存起来，严重时还会让人患上不可逆转的疾病。例如糖尿病。

同样，糖转化成脂肪的容易程度为：单糖＞双糖＞多糖，这就是"减肥要先戒糖"的原因，其实这里的糖大多是指有甜味的糖，这类糖基本都是单糖和双糖，容易过剩转化为脂肪，而越复杂的碳水化合物越难转化为脂肪，例如粗粮。人体正常能量消耗只有在缺少糖的情况下，才会选择分解脂肪来提供能量。

看到这里，是不是觉得甜品不那么诱人了。其实，适量的糖分摄入能保证人体正常的生命活动，只要不长时间过量摄入，养成良好的饮食习惯，人体是能把糖完全代谢掉的。毕竟甜品存在的意义不单是为我们身体提供能量，还能刺激大脑分泌多巴胺，让人心情愉悦，为生活提供动力。

水果冰淇淋：夏日冰爽"神器"

　　将水果、奶油等放进破壁机内简单一搅，再放入冰箱冻一冻，就可以享受一份冰爽美味的冰淇淋了！炎炎夏日挖上一勺送进嘴里，冰凉细腻的冰淇淋瞬间在嘴里化开，夏日的倦怠也在这一刻被赶走了几分。

牛油果冰淇淋

冷冻时间：4 小时

制作时间：5 分钟

难 易 度：★

材　料

牛油果	300 克
淡奶油	100 克
酸奶	100 克
炼乳	10 克

做　法

1. 将牛油果的果肉整块取出，放置冰箱冷冻 4 小时。

2. 将冻硬的牛油果肉放入破壁机内，再倒入淡奶油、酸奶和炼乳，盖上盖子。

3. 选择"DIY"模式，调至 4 挡，配合搅拌棒将食材打成泥即可。

苏苏有话说

1. 冰淇淋做好后最好马上食用或者放冰箱冷冻保存。

2. 如果觉得味道比较酸，可以多加炼乳进行调味。

3. 将牛油果提前切小块再放入冰箱冷冻更容易被打碎。

4. 水果也可以换成草莓、百香果、菠萝、蓝莓等，做各种水果味的冰激凌。

第六章　网红甜品：愿你的人生一直甜

草莓冰淇淋

冷冻时间：4 小时

制作时间：5 分钟

难 易 度：★

材 料

草莓	300 克
淡奶油	100 克
酸奶	100 克
炼乳	10 克

做 法

1. 草莓用清水清洗干净，去果蒂，沥干水分，放置冰箱冷冻 4 小时。

2. 将冻硬的草莓放入破壁机内，再倒入淡奶油、酸奶和炼乳，盖上盖子。

3. 选择"DIY"模式，调至4挡，配合搅拌棒将食材打成泥即可。

百香果冰淇淋

冷冻时间：4 小时

制作时间：5 分钟

难 易 度：★

材 料	
百香果	300 克
淡奶油	50 克
酸奶	50 克
炼乳	10 克

做 法

1. 百香果对半切开，取出果肉，放置冰箱冷冻 4 小时。

2. 将冻硬的百香果肉放入破壁机内，再倒入淡奶油、酸奶和炼乳，盖上盖子。

3. 选择"DIY"模式，调至4挡，配合搅拌棒将食材打成泥即可。

苏苏有话说

百香果含有较高水分，可以少放一些酸奶和淡奶油，增加浓稠度。

第六章 网红甜品：愿你的人生一直甜

水果冰沙：解暑必备佳品

水果冰沙是夏日里一道能够带来丝丝凉意的美食，口感绵软细滑，品尝之后齿颊留香，冰冰凉凉！夏日里最快乐的事莫过于吹着空调，捧着一碗水果冰沙，一勺一勺送进嘴巴里，那种冰爽舒畅的极致感你值得拥有。

西瓜冰沙

制作时间：5 分钟

难 易 度：★

材　料

西瓜	300 克
饮用水	200 毫升

做　法

1. 西瓜取出果肉备用。

2. 将西瓜果肉和饮用水倒入破壁机内，盖上盖子，选择"果蔬"功能。

3. 待机器完成工作，将西瓜汁倒入冰格中，放入冰箱冷冻 2 小时，冻成冰块备用。

4. 将西瓜冰块放入破壁机内，盖上盖子。

5. 选择"冰沙"功能，配合搅拌棒将冰块打成冰沙即可。

苏苏有话说

1. 如果破壁机没有"冰沙"功能，可以选择"点动"功能再配合搅拌棒制作。

2. 电机运行久了会发热，可以用搅拌棒加快搅打的速度，以免冰沙融化。

3. 冰沙建议现打现吃，不要隔夜，不太卫生，还影响口味。

4. 水果也可以换成芒果、葡萄、哈密瓜、水蜜桃、猕猴桃等，做成各种水果味的冰沙。

第六章　网红甜品：愿你的人生一直甜

芒果冰沙

制作时间：5 分钟

难 易 度：★

材 料

芒果	300 克
饮用水	300 毫升

做 法

1. 芒果取出果肉备用。

2. 将芒果果肉和饮用水倒入破壁机内，盖上盖子，选择"果蔬"功能。

3. 待机器完成工作，将芒果汁倒入冰格中，放入冰箱冷冻 2 小时，冻成冰块备用。

4. 将芒果冰块放入破壁机内，盖上盖子。

5. 选择"冰沙"功能，配合搅拌棒将冰块打成冰沙即可。

哈密瓜冰沙

制作时间：5 分钟

难 易 度：★

材 料

哈密瓜	300 克
饮用水	200 毫升

做 法

1. 哈密瓜取出果肉备用。

2. 将哈密瓜果肉和饮用水倒入破壁机内，盖上盖子，选择"果蔬"功能。

3. 待机器完成工作，将哈密瓜汁倒入冰格中，放入冰箱冷冻 2 小时，冻成冰块备用。

4. 将哈密瓜冰块放入破壁机内，盖上盖子。

5. 选择"冰沙"功能，配合搅拌棒将冰块打成冰沙即可。

第六章 网红甜品：愿你的人生一直甜

芒果布丁：酸酸甜甜的小甜点

选一颗新鲜香甜的芒果，取出果肉，做成一份简单的
芒果布丁，保留了芒果肉的软糯酸甜，吃起来顺滑无比。
一口甜蜜嫩滑的芒果布丁吃下去会让人瞬间开心起来。

制作时间：5 分钟

难 易 度：★

吉利丁片	10 克
芒果果肉	200 克
饮用水	400 毫升

做　法

1. 芒果去皮，取出果肉备用。

2. 将芒果果肉倒入破壁机内，再倒入饮用水，盖上盖子。

3. 选择"果蔬"功能，将芒果果肉打成芒果汁。

4. 将吉利丁片用冰水泡软，隔水加热至完全融化。

5. 先将一部分芒果汁混入吉利丁溶液里，再将芒果汁与之完全混合，盖上保鲜膜，放入冰箱冷藏至凝固的布丁。

苏苏
有话说

1. 10 克吉利丁片搭配 400 毫升液体做出来的布丁口感软硬适中，喜欢吃软一点的可以适当增加液体的量。

2. 吉利丁片在夏天要用冰水泡软，如果是冬天则可以直接用室温水泡软。

3. 吉利丁片隔水加热时，应关火用水的余温加热，温度过高会影响口感。

第六章　网红甜品：愿你的人生一直甜

酸奶紫薯泥: 低卡健康甜点

这是一份低卡美味的小甜点，对于正在减脂的人来说，是一份再适合不过的"解馋"甜点了，吃起来酸酸甜甜，饱腹感较强。当作早餐也是美味又健康的不错选择。

制作时间: 5 分钟

难 易 度: ★

材 料		
酸奶	200 毫升	
紫薯	300 克	
蔓越莓干	30 克	
草莓干	30 克	
蓝莓干	30 克	
圣女果干	30 克	
蜂蜜	20 克	

做 法

1. 紫薯削皮，切小块备用。

2. 起锅烧水，将紫薯块放入蒸锅蒸熟备用。

3. 将紫薯块倒入破壁机内，加入蔓越莓干、草莓干、蓝莓干、圣女果干和蜂蜜，盖上盖子。

4. 选择"DIY"功能，调至 4 挡，配合搅拌棒将紫薯块打成细腻的泥。

5. 将紫薯泥放进碗里，再倒扣在碟子上，淋上酸奶，再撒上各种果干即可食用。

苏苏
有话说

1. 用破壁机打出来的紫薯泥比较黏稠，但其细腻程度是用手工压泥无法达到的。

2. 做好后可以在紫薯泥上放一些坚果碎，从而丰富口感。

第六章 网红甜品：愿你的人生一直甜

杨枝甘露：港式经典糖水

　　杨枝甘露是经典的港式甜品，以芒果、椰浆、西米等为主料。口感丰富而美味，前调是芒果的清香，随后椰浆的浓香慢慢散发出来，西米滑进嘴巴里，伴着酸甜的西柚，吃起来清甜而不腻，每一口都是甜蜜的享受。

制作时间：20 分钟
难 易 度：★★

材　料

芒果	500 克
西柚	200 克
椰浆	100 毫升
纯牛奶	500 毫升
西米	20 克
白砂糖	20 克

做　法

1. 起锅烧水，下西米，水开后煮 15 分钟，煮至西米内剩一个小白点的时候盖上盖子，再浸泡 10 分钟。

2. 芒果和西柚洗净，取出果肉备用，一半芒果肉切粒，另一半芒果肉切小块。

3. 将纯牛奶、芒果肉块和白砂糖倒入破壁机内，盖上盖子。

4. 选择"果蔬"功能，将材料完全搅打均匀。

5. 按顺序倒入西柚果肉、芒果粒、西米、椰浆和纯牛奶芒果汁即可饮用。

苏苏
有话说

1. 煮西米的途中不能断火，否则之后很难再煮透。

2. 最后一步放材料的顺序可以随意调换，按自己的习惯做即可。

第六章　网红甜品：愿你的人生一直甜

驴打滚：传统美味难阻挡

　　驴打滚，也叫豆面糕，是北京和天津的传统小吃之一，因为表面上撒的黄豆粉就像老北京郊外野驴撒欢打滚时扬起的阵阵黄土，因而得名"驴打滚"。糯叽叽的面皮搭配香甜的红豆沙，闻起来有种淡淡的黄豆香味，吃起来软糯香甜。

制作时间：30 分钟

难 易 度：★★

材料

糯米粉	90 克
黏米粉	20 克
食用油	10 克
白砂糖	10 克
黄豆	50 克
红豆馅	100 克
饮用水	120 毫升

做 法

1. 将黄豆倒入破壁机研磨杯内，盖上盖子。

2. 选择"果蔬"功能，将黄豆打成细腻的黄豆粉。

3. 起锅，将黄豆粉倒入锅内，小火翻炒至浅褐色，炒熟备用。

4. 将糯米粉、黏米粉和白砂糖混合，一边加水一边搅拌，直至形成可流动的状态。

5. 另取一个碗，表面刷一层食用油，再倒入搅拌均匀的米浆。

6. 起锅烧水，水开后蒸 15~20 分钟，蒸熟后取出放凉。

7. 案板上铺一层熟黄豆粉，将蒸好的米糕放在上面。

8. 均匀擀开，抹一层红豆馅，然后沿一边卷起来。

9. 在上方撒一层黄豆粉，用刀切成合适大小的块状即可食用。

苏苏
有话说

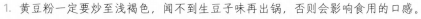

1. 黄豆粉一定要炒至浅褐色，闻不到生豆子味再出锅，否则会影响食用的口感。

2. 糯米粉和黏米粉的比例要控制好，若糯米粉太多则容易黏牙。

3. 米糕要放凉至 40 度左右再揉，如果完全冷却，则不容易擀开。

姜撞奶：驱寒、美味两不误

　　姜撞奶是广东有名的糖水，将煮好的纯牛奶"撞"入姜汁里，再等几分钟，一碗热乎乎的姜撞奶就做好了。它尝起来香醇爽滑，甜中带着微辣，入口即化。纯牛奶的香醇和姜汁的微辣在嘴里巧妙地融合在一起。

制作时间：10 分钟

静置凝固时间：15 分钟

难 易 度：★★

材　料

生姜	60 克
水牛奶	500 毫升
白砂糖	10 克
饮用水	30 毫升

做　法

1. 生姜用清水清洗干净,切小块备用。
2. 将生姜块倒入破壁机内,再倒入饮用水,盖上盖子。
3. 选择"点动"功能,将生姜打碎,打出酱汁,过滤出姜汁备用。
4. 将水牛奶和白砂糖倒入锅内,开火加热至 80 度。
5. 将热牛奶拿至 20 厘米高的位置倒入装有姜汁的碗里。
6. 静置 10 分钟,待凝固即可。

苏苏有话说

1. 姜撞奶能凝固的原理是生姜中的蛋白酶遇上纯牛奶中的酪蛋白和钙离子,蛋白酶分解纯牛奶中的酪蛋白,随后钙离子在酪蛋白胶粒中形成化学键,这样纯牛奶就凝固啦!
2. 没有凝固的原因可能是纯牛奶温度太高,生姜中的蛋白酶失去了活性,或者纯牛奶温度太低,达不到反应的条件。
3. 水牛奶中含有的脂肪量比其他纯牛奶的高,做姜撞奶首选水牛奶,这样可以提高制作的成功率。此外,水牛奶的奶香味比其他纯牛奶足,是做姜撞奶的最佳选择。

Chapter
第七章

7

中西餐酱料：
一酱在手，美食我有

酱料是烹饪中的"万金油"

无论中餐还是西餐，酱料或多或少都是一个不可或缺的部分。

虽然说酱料是烹饪中的"万金油"，但和食材的搭配是有"讲究"的。在中餐中，像海鲜类本身就是鲜甜可口的食材，只需简单烹饪便是美味佳肴。所以搭配的酱料讲究能去腥，但不能抢味。蒜蓉酱就成了海鲜最好的搭配。其实，蒜蓉辣椒酱、葱香蒜蓉酱、金银蒜蓉酱等都是以蒜蓉为主味，在口味上进行创新演变而来的。

如果是鸡鸭鱼这些常见的肉类，肉的鲜味需要在去腥后才能品尝到，所以会用姜葱压制肉的腥味，例如粤菜中白切鸡的蘸料姜葱酱正由此而来。

但西餐里，姜葱出现的频率比较低，取而代之的是各种香料，例如迷迭香、百里香、小茴香、罗勒、芹菜等。西餐的酱料使用习惯：主食用重味的，肉类用清香味的。

在西餐中，海鲜常用青酱、香茅椰汁、酸辣酱等复合味型酱料搭配，味道丰富，让人开胃，作为副菜和主菜都很适合。而主菜中的肉类，在制作的最后都会淋上关键的酱汁，例如牛排的奶油酱、红酒酱、黑胡椒汁等。蔬菜沙拉搭配的酱汁就更多了，无论是清新的牛油果酱还是充满油脂的蛋黄酱和沙拉酱都能让人胃口大开。

无论中餐还是西餐，做酱料都是一个体力活，特别是在工具不齐全的年代，全靠厨师一双手。如今，可以看到各种机器已经应用到厨房中，大大提高了做酱料的效率，而破壁机作为搅拌、切配、加热一体的机器，能让我们做酱料事半功倍。

金银蒜蓉酱：烹饪提香"选手"

制作时间：30 分钟

难 易 度：★★

　　金银蒜蓉酱是星级酒店常用的一款酱料，对比我们平时吃的蒜蓉酱，不仅制作步骤复杂，而且对火候的把控要求也比较高，所以极少出现在家庭餐桌上。因为炸过的蒜蓉呈金色，没炸的是浅黄色，所以炸蒜和生蒜混合后被称为"金银蒜蓉酱"。金银蒜蓉酱无论口感、味道，还是用途都优于普通蒜蓉酱，平时炒青菜、做烧烤和蒸海鲜时放上一勺立刻就能提鲜增香。

材　料

大蒜	500 克
食用盐	2 克
白胡椒粉	2 克
食用油	200 克

做　法

1. 大蒜剥皮洗净，倒入破壁机内，盖上盖子。
2. 选择"DIY"功能，调至 2 挡，配合搅拌棒将大蒜打成蒜蓉。
3. 将蒜蓉用清水清洗干净，洗去蒜液，沥干水分备用。
4. 起锅烧食用油，油温 160 度时下一半蒜蓉炸制。
5. 全程不停搅拌，炸至蒜蓉呈金黄色，马上关火，随即倒入另一半生蒜蓉。
6. 下白胡椒粉和食用盐调味即可。

苏苏
有话说

1. 此配方做出来的是原味金银蒜蓉酱，还可以根据用途添加其他调料，例如吃海鲜用的话可以加生抽、蚝油和小米辣。
2. 平时做的蒜蓉酱是基础版，金银蒜蓉酱是酒店常用的蒜蓉酱升级版，做好后封上保鲜膜放入冰箱冷藏一晚，味道更佳。
3. 打好的蒜蓉如果不洗去蒜液，炸的时候会发苦，但不用担心没蒜味。
4. 保存时油要稍微没过蒜蓉，这样能延长保质期。

剁椒酱：开胃增鲜必备

剁椒是每一个爱吃辣的人无法拒绝的！一份剁椒酱可以让食物的味道变得更加诱人，火红的剁椒一眼望去，便让人不自觉地产生食欲。剁椒的做法其实很简单，几样食材，搅碎拌匀装进玻璃罐，等待一段时间就可以吃了。

制作时间：30 分钟

难 易 度：★★

材 料

朝天椒	300 克
大蒜	100 克
生姜	30 克
食用盐	50 克
白砂糖	20 克
高度白酒	50 毫升

做 法

1. 朝天椒去蒂，用清水清洗干净，放置通风处沥干水分备用。
2. 大蒜和生姜去皮洗净，沥干水分备用。
3. 将朝天椒、大蒜、生姜、食用盐、白砂糖和高度白酒倒入破壁机内，盖上盖子。
4. 选择"DIY"功能，调至 2 挡，配合搅拌棒将材料打碎。
5. 密封罐提前用开水洗干净，擦干水分备用。
6. 将做好的剁椒酱倒入密封罐中，放入冰箱密封冷藏保存即可。

苏苏
有话说

1. 剁椒酱的保质期很大程度上取决于处理细节，食材外部水分要沥干，容器要擦干，破壁机要无水无油，保质期才能长。
2. 使用高度白酒是为了杀菌，以此延长剁椒酱的保质期。
3. 若家里人口不多，建议一次不要做太多，以免放坏。

第七章 中西餐酱料：一酱在手，美食我有

香菇牛肉酱：拌饭的绝佳酱汁

香菇和牛肉绝对称得上是王牌搭档。无论是拌米饭、面条，还是炒菜、炖肉，放一两勺都能香气扑鼻，让人食欲大增。

制作时间：30 分钟

难 易 度：★★

材 料

牛肉	300 克	生抽	20 克
干香菇	30 克	老抽	10 克
鲜香菇	100 克	白砂糖	5 克
大蒜	30 克	十三香	10 克
生姜	20 克	食用油	100 克
黄豆酱	50 克		

做 法

1. 干香菇提前用常温水泡发，生姜和鲜香菇洗净备用。

2. 将牛肉切小块倒入破壁机内，加入干香菇、鲜香菇、大蒜和生姜，盖上盖子。

3. 选择"DIY"功能，调至3挡，配合搅拌棒将食材打碎。

4. 起锅，下食用油，油热后下肉泥，煸炒干水分，下黄豆酱、生抽、老抽、白砂糖和十三香调味。

5. 炒出酱香味后出锅，倒入提前用开水消毒并擦干的密封罐，放入冰箱冷藏保存即可。

苏苏
有话说

1. 牛肉酱在调味的时候加一勺金银蒜蓉酱味道会更香。

2. 牛肉要完全打匀，即使打成肉泥，在炒制的时候因为牛肉有一定胶质，还是会形成一个个不规则的小粒。

3. 牛肉酱做好后用密封罐装起来放冰箱冷藏，最长可以放半个月，将食材煸干水分这一步很重要，可以延长保质期。

第七章 中西餐酱料：一酱在手，美食我有

姜葱酱：粤菜的必备蘸料汁

广东菜里经典的姜葱酱是吃白切鸡时标配的蘸料。因其具有浓郁的姜葱味而受到大众追捧，渐渐出现在吃火锅的餐桌上，当一片片烫熟的牛肉或羊肉蘸上一层薄薄的姜葱酱，入口咀嚼，味蕾在新鲜的葱香和姜味的刺激下得到满足，入口一次便难以忘怀。

制作时间：10 分钟

难 易 度：★

材 料

生姜	300 克
小葱	100 克
花生油	150 克
芝麻香油	5 克
食用盐	15 克

做 法

1. 生姜洗净刮皮，切小块备用。

2. 小葱去根，洗净沥干水分，切小段备用。

3. 将生姜块、小葱段、花生油、芝麻香油和食用盐倒入破壁机内，盖上盖子。

4. 选择"DIY"功能，调至 2 挡，配合搅拌棒将姜葱打成蓉。

5. 倒入提前用开水消毒并擦干的密封罐中，放入冰箱冷藏保存。

6. 需要使用时，提前倒入锅内煮沸即可。

苏苏有话说

1. 姜葱酱大部分情况下是生吃的，所以食材和容器一定要清洗干净，做好消毒处理。

2. 建议尽快食用，放久了姜葱的香味会流失，继而降低口感。

3. 因为生姜和小葱都有水分，姜葱酱放密封罐里最多能保存 3 天，建议随用随做。

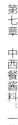

第七章 中西餐酱料：一酱在手，美食我有

破壁果酱：满满的果肉果香

　　把新鲜水果做成果酱，香味浓郁，熬上一小罐，可以抹面包吃，也可以直接冲水喝，或者用来做甜点也是不错的选择。

樱桃果酱

制作时间：30 分钟

难 易 度：★

1. 樱桃用清水清洗干净，去果蒂对半切开，去果核留果肉备用。
2. 将樱桃果肉倒入破壁机内，再加入冰糖和饮用水，盖上盖子，选择"果蔬"功能。
3. 待机器完成工作，起锅，将打好的果酱倒入锅中，用中小火熬至浓稠。
4. 倒入提前用开水消毒并擦干的密封罐中，放入冰箱冷藏保存即可。

苏苏有话说

1. 如果想在果酱里吃出颗粒感，建议选用"点动"功能打 5 秒钟即可。
2. 用破壁机做果酱可以加快果肉成酱的过程，节省制作时间。
3. 因为自己做的果酱没有任何添加剂，所以不耐放，建议一周内吃完。
4. 可以在出锅前加入 5 克柠檬汁，丰富果酱的口感。
5. 可以将樱桃换成草莓、蓝莓、枇杷等，制作各种口味的水果果酱。

材 料

樱桃	750 克
冰糖	100 克
饮用水	100 毫升

第七章 中西餐酱料：一酱在手，美食我有

枇杷膏

制作时间：30 分钟

难 易 度：★

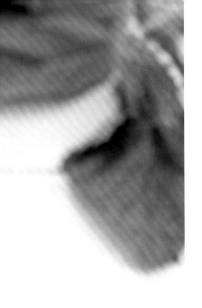

材　料

枇杷	750 克
冰糖	100 克
饮用水	100 毫升

做　法

1. 枇杷去果蒂洗净，对半切开，去果核备用。

2. 将枇杷果肉倒入破壁机内，再加入冰糖和饮用水，盖上盖子，选择"果蔬"功能。

3. 待机器完成工作，起锅，将打好的果酱倒入锅中，用中小火熬至浓稠。

4. 倒入提前用开水消毒并擦干的密封罐中，放入冰箱冷藏保存即可。

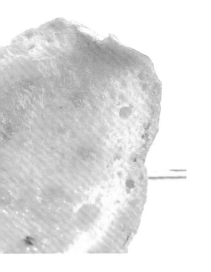

苏苏
有话说

如果枇杷本身就很甜，可以适当减少冰糖的量。

黑胡椒酱：西餐的必备酱汁

黑胡椒酱是黑胡椒和各种调料搭配制作而成的调味酱汁，是一款百搭酱汁，能够跟很多食物融洽地搭配在一起。它能使鸡排、牛排和大虾更美味，吃起来口感更醇厚，椒香四溢，每一口都能吃出满足感。

制作时间：30 分钟

难 易 度：★

材 料	黑胡椒粒	30 克
	牛骨高汤	150 克
	淡奶油	50 克
	白洋葱	30 克
	黄油	30 克
	香叶	1 片
	大蒜	10 克
	黄芥末酱	30 克
	食用盐	2 克
	红酒	100 克

做 法

1. 白洋葱切小粒，大蒜切碎备用。

2. 起锅下黄油，锅热后下白洋葱粒和大蒜碎炒香、炒熟。

3. 下红酒和香叶，煮至红酒酒精全部蒸发，下牛骨高汤（可参考第 158 页牛骨高汤的做法）搅拌均匀，稍微将汤汁收浓一些。

4. 将锅中汤汁全部倒入破壁机内，再加入黑胡椒粒、淡奶油、黄芥末酱和食用盐，盖上盖子。

5. 选择"果蔬"功能，待机器完成工作，将做好的黑胡椒酱倒入提前用开水消毒并擦干的密封罐中，放入冰箱冷冻保存即可。

**苏苏
有话说**

1. 黑胡椒酱属于调料酱，可以放冷冻层保存较长时间，这样可以一直保持黑胡椒风味。

2. 黑胡椒酱的成品是深灰色的，而市面上售卖的黑胡椒酱呈黑色，这是因为在制作的时候加入了老抽或糖。

第七章 中西餐酱料：一酱在手，美食我有

意大利青酱：意面的好搭档

青酱是西餐的一款基础酱汁，主要是以高品质的罗勒、橄榄油和松子仁研磨而成的，做好的青酱颜色翠绿，香气四溢，是意面的绝佳搭配，抹在面包上吃也很美味。

制作时间：10 分钟

难 易 度： ★

材　料

罗勒叶	200 克
松仁	50 克
橄榄油	100 克
大蒜	10 克
帕玛森芝士	50 克
食用盐	2 克

做　法

1. 罗勒叶用清水洗净，倒入破壁机内。
2. 将松仁、橄榄油、大蒜、帕玛森芝士和食用盐倒入破壁机内，盖上盖子。
3. 选择"DIY"功能，调至 3 挡，配合搅拌棒将食材打碎。
4. 倒入提前用开水消毒并擦干的密封罐中，放冰箱冷藏保存即可。

苏苏
有话说

1. 用生罗勒叶做出来的青酱极易氧化，装瓶后可在青酱表面倒一层橄榄油，能够有效隔绝氧气，防止氧化。
2. 把罗勒叶用开水焯熟再做成青酱也能有效防止氧化，但会损失一部分罗勒叶的香味。

第七章　中西餐酱料：一酱在手，美食我有

蚕豆酱：酱汁界的小清新

蚕豆酱以新鲜的蚕豆熬制而成，味道清新，清新的蚕豆味和浓郁的奶香味混合得恰到好处，还带着一丝淡淡的黑胡椒香味，将其用来做凉拌菜、做意面酱和肉酱都很适合。

制作时间：15 分钟

难 易 度： ★

蚕豆	200 克
淡奶油	50 克
纯牛奶	50 毫升
黑胡椒粉	2 克
食用盐	2 克

做　法

1. 起锅烧水，蚕豆下锅煮15 分钟，煮熟后放凉备用。

2. 将蚕豆、淡奶油、纯牛奶、黑胡椒粉和食用盐倒入破壁机内，盖上盖子。

3. 选择"果蔬"功能，待机器完成工作，倒入提前用开水消毒并擦干的密封罐中，放入冰箱冷藏保存即可。

苏苏有话说

蚕豆不能生吃，一定要熟透了再做酱料。

第七章　中西餐酱料：一酱在手，美食我有

番茄牛肉酱：西餐万用酱

番茄用小火煮至软烂后熬出来的汤底非常浓郁，这浓浓的汤汁又完全渗入到肉末里，吃起来鲜香浓郁，酸甜多汁，用来拌面或者拌饭吃都是不错的选择。这是一款百搭的酱汁，可以一次多煮一些放冰箱里，随吃随取，非常方便。

制作时间：20 分钟
难 易 度：★

<table>
<tr><td rowspan="7">材　料</td><td>牛肉</td><td>200 克</td></tr>
<tr><td>番茄</td><td>500 克</td></tr>
<tr><td>大蒜</td><td>20 克</td></tr>
<tr><td>白洋葱</td><td>50 克</td></tr>
<tr><td>食用盐</td><td>3 克</td></tr>
<tr><td>黑胡椒粉</td><td>2 克</td></tr>
<tr><td>白砂糖</td><td>5 克</td></tr>
</table>

做　法

1. 番茄切小块，牛肉切片，大蒜切碎，白洋葱切粒，备用。

2. 起锅下油，下大蒜碎和白洋葱粒炒出香味。

3. 下牛肉片翻炒，下食用盐、黑胡椒粉调味，将牛肉片炒熟，倒入破壁机内。

4. 继续起锅下油，下番茄块翻炒，再加入白砂糖调味，炒熟后倒入破壁机内，盖上盖子。

5. 选择"DIY"功能，调至 3 挡，配合搅拌棒将番茄牛肉搅打均匀，至小肉粒时即可倒出。

6. 倒入提前用开水消毒并擦干的密封罐中，放入冰箱冷藏保存即可。

苏苏
有话说

1. 番茄肉酱是否好吃，很大程度上取决于炒牛肉和炒番茄这两步做得好不好，只要把番茄和牛肉炒香，番茄肉酱的口感就不会太差。

2. 做好后放冰箱冷藏，建议一周内吃完，不宜存放太久。

第七章　中西餐酱料：一酱在手，美食我有

牛油果酱：轻食的绝佳搭档

　　牛油果酱是西餐中常见的一种蘸酱，口感浓郁，气味清新。牛油果是优质的脂肪来源，比起传统沙拉酱，牛油果酱更健康。它可以搭配玉米片或三明治食用，也可以拌沙拉。

制作时间：10 分钟

难 易 度：★

牛油果	300 克
白洋葱	30 克
大蒜	10 克
柠檬汁	10 克
食用盐	2 克
黑胡椒粉	2 克
橄榄油	50 克

做 法

1. 将牛油果对半切开，去果核，取出果肉备用。
2. 白洋葱切小块，大蒜剥皮备用。
3. 将牛油果肉、白洋葱块、大蒜、柠檬汁、食用盐、黑胡椒粉和橄榄油倒入破壁机内，盖上盖子。
4. 选择"果蔬"功能，待机器完成工作，倒入提前用开水消毒并擦干的密封罐中，放入冰箱冷藏保存即可。

1

2

3

4

苏苏
有话说

1. 牛油果酱极易氧化，做好后可以在表面倒一层橄榄油，能有效减缓氧化速度。
2. 加入少量柠檬汁也能有效降低氧化速度，还可以增加牛油果酱的风味。

第七章 中西餐酱料：一酱在手，美食我有

西式牛骨高汤：提鲜王者

高汤通常以牛肉、鸡肉、鱼肉以及它们的骨头和调味蔬菜等为原料，经过长时间煮制而成。熬制好的高汤，味鲜而浓郁，可以直接饮用，也可以在调配西式酱料时加入，起稀释酱汁的作用，当然也可以作为西餐调味料来增加食物的香味。

制作时间：100 分钟

难 易 度：★★

材　料

牛骨	300 克
土豆	100 克
胡萝卜	80 克
番茄	80 克
芹菜	50 克
白洋葱	50 克
大葱	30 克
大蒜	20 克
饮用水	800 毫升

做　法

1. 牛骨用清水清洗干净，土豆和胡萝卜削皮切小块。

2. 白洋葱切小块，番茄切小块，大蒜整个对半切开，芹菜和大葱切段。

3. 在烤箱的烤盘上铺一层锡纸，将牛骨、土豆块、白洋葱块、大葱段和大蒜放上去。

4. 放入烤箱 180 度烤 20 分钟。

5. 将烤好的食材倒入破壁机内，再加入番茄块、芹菜段、胡萝卜块和饮用水，盖上盖子。

6. 选择"养生煲"功能，待机器完成工作，将高汤过滤出来，装入容器放冰箱冷冻保存即可。

苏苏有话说

1. 牛骨高汤作为调料汤可放入冰箱冷冻保存，需要用的时候拿出来解冻即可。

2. 如果要直接饮用，出锅时可加少量食用盐调味。

Chapter
第八章 8

魅力中餐：
厨神养成计划

家常菜的魅力

众所周知，八大菜系撑起了中华民族饮食江湖的锦绣江山！

之所以分为八大菜系，绝大部分是由气候、地理环境、物产和饮食风俗决定的。八大菜系里，最具代表性的是四大菜系，分别是以黄河流域为代表的鲁菜，以长江流域为代表的川菜和江苏菜，还有以珠江流域为代表的粤菜。一个菜系里也会因为文化不同而被分为不同的分支，例如粤菜中以中原文化为代表的是客家菜，以海洋文化为代表的是潮州菜，以地域文化为代表的是广府菜。八大菜系在时间的长河里渐渐地撑起了一片天，由此出现了各式各样的家常菜。

家常菜和八大菜系都来源于一日三餐。我们用非专业的烹饪手法和工具、用不太齐全的调料和食材，依照自己的理解做出了一道又一道不正宗的"八大菜系"。两者最大的区别就是八大菜系里每一道菜都对味道、口感和烹饪手法有严格的要求，就是我们俗话说的正宗菜，而家常菜则没有那么多要求，同一道菜在每个人手里有不同的味道。

我们把菜扔进锅里，炖焖炸煮。无论此刻是伤心或是烦心，都应该享受当下，感受人间的烟火气息，在食材的香气中感受家常菜的魅力！

麻婆豆腐：永不过时的下饭菜

麻婆豆腐是一款经典的川菜，集麻、辣、鲜、香于一身，是一道简单快手的家常菜，麻辣入味的豆腐入口即化，浓郁的汤汁浇在米饭上拌着吃，更能让人食欲大增。

制作时间：30 分钟

难 易 度： ★ ★ ★ ★

材　料

牛肉	100 克	青花椒	4 克
嫩豆腐	500 克	豆豉	20 克
泡姜	30 克	生抽	10 克
泡椒	30 克	蚝油	10 克
蒜苗	20 克	白砂糖	5 克
豆瓣酱	20 克	水淀粉	30 克
干红辣椒	25 克	饮用水	500 毫升

做　法

1. 牛肉切小块，嫩豆腐切小块，泡姜和泡椒切碎，蒜苗切小段，备用。

2. 将牛肉块放入破壁机内，盖上盖子，选择"点动"功能，打成牛肉末。

3. 制作刀口辣椒（将干红辣椒和青花椒一同炒香后再剁碎就是刀口辣椒），起锅下油，下干红辣椒和青花椒，全程用小火煸炒，炒至褐色，倒入破壁机研磨杯中，盖上盖子。

4. 选择"点动"功能，将材料打碎即可，不用打成粉。

5. 起锅放油，锅热放牛肉末爆香，再下豆瓣酱、泡姜碎、泡椒碎、豆豉和一半刀口辣椒炒香，炒出红油。

6. 放饮用水，再放生抽、蚝油和白砂糖调味。

7. 水沸后下嫩豆腐块，盖上盖子用中火煮 8 分钟。

8. 勾芡，第一次勾芡用稀淀粉水，用锅铲慢慢推匀，第二次和第三次用浓淀粉水，同样用锅铲慢慢推匀。

9. 放蒜苗段，待汤汁收浓起锅，撒上刀口辣椒即可。

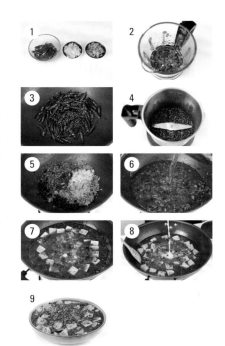

**苏苏
有话说**

1. 刀口辣椒是麻婆豆腐的灵魂，也是麻婆豆腐麻辣味的重要来源，没有刀口辣椒的麻婆豆腐最多只能叫红烧豆腐。

2. 勾芡要分三次，每次勾芡的目的不一样，不能图方便一次过。

3. 辣度的主要来源就是刀口辣椒，可以根据自己的口味调整刀口辣椒的量。

第八章　魅力中餐：厨神养成计划

豉汁蒸排骨：粤式茶楼经典

豉汁蒸排骨是粤式茶楼的经典菜式，广受男女老少的喜爱。浓郁的豆豉香味扑鼻，豆豉香深深地渗入到肉里面，肉质软嫩弹牙，稍微一咬就嫩滑脱骨，鲜美的滋味可以浸润到牙缝里。

制作时间：30 分钟

难 易 度：★★★★

材　料

排骨	500 克	大蒜	10 克
豆豉	20 克	白胡椒粉	2 克
生抽	10 克	料酒	30 克
蚝油	15 克	玉米淀粉	5 克
白砂糖	3 克	食用小苏打	3 克
生姜	15 克	小葱	10 克
红葱头	15 克		

做　法

1. 排骨切小块放入碗里，加食用小苏打和少量饮用水抓洗，把油脂和血水洗掉，挤干水分。

2. 制作豉汁，将豆豉、生抽、蚝油、白砂糖、生姜、红葱头、大蒜、白胡椒粉和料酒倒入破壁机内，盖上盖子。

3. 选择"点动"功能，将食材打碎搅匀。

4. 在排骨碗里倒入豉汁，搅拌均匀，让排骨充分吸收豉汁。

5. 再加入玉米淀粉，搅拌均匀，锁住排骨肉汁，腌制 10 分钟。

6. 起锅烧水，将排骨均匀地码放在盘子里，尽量不要重叠，水开后用大火蒸20分钟。

7. 出锅后撒上小葱提味增香即可。

苏苏
有话说

1. 排骨是偏酸性的肉，加入食用小苏打清洗可以软化其纤维，做出来后口感不会硬。

2. 排骨洗净后要挤出水分才能在腌制时充分吸收调料，达到更入味的效果。

番茄鱼片：兼具营养和鲜香的美食

　　用破壁机打出细腻浓郁的番茄汁，熬煮成浓郁的汤底，搭配新鲜的鱼片，整个汤汁瞬间变得鲜香起来，鱼肉爽滑弹牙，汤汁酸甜鲜美，整道菜无论从汤汁到鱼肉只要吃一口就感到鲜香至极。

制作时间：30 分钟

难 易 度：★★★

材 料

黑鱼	500 克	罗勒叶	5 克
番茄	300 克	鸡蛋	1 个
黑胡椒粉	2 克	玉米淀粉	5 克
食用盐	3 克	姜葱水	20 毫升
大蒜	10 克	饮用水	50 毫升
番茄沙司	50 克		

做 法

1. 黑鱼剔骨，取鱼柳，片出厚薄均匀的鱼片，鱼片用清水清洗两遍，用力挤干水分放入碗里备用。

2. 腌制鱼肉，在碗里倒入姜葱水、黑胡椒粉和1克食用盐，搅拌均匀，直至鱼肉吸收所有液体。

3. 下入鸡蛋清，继续搅拌至鱼肉开始黏手，下入玉米淀粉，搅拌均匀。

4. 番茄切小块，大蒜切碎备用。

5. 起锅下油，锅热后下大蒜碎，再下番茄块煎炒至变软。

6. 将炒过的番茄倒入破壁机内，再加2克食用盐、番茄沙司、罗勒叶和饮用水，盖上盖子。

7. 选择"果蔬"功能，将食材打成浆，倒出来过滤一遍，获得更细腻的番茄汁。

8. 将番茄汁倒入锅中，煮沸后下鱼片煮熟即可。

苏苏
有话说

1. 鱼片腌制的好坏决定了这道菜的口感，一定要掌握好这道菜的灵魂。

2. 由这个做法可以衍生出番茄牛肉和番茄鸡肉等做法，不妨试一试。

蒜香骨：诱人的排骨

蒜香骨是一道经典的家常菜，用大量的蒜末把排骨腌制入味，再下油锅炸至金黄色，一口咬下去外酥里嫩，还伴着鲜甜的汁水淌出来，蒜香味瞬间在嘴巴里弥漫，令人忍不住大快朵颐。

制作时间：30 分钟

难 易 度：★ ★ ★

材料

排骨	500 克	黑胡椒粉	1 克
大蒜	200 克	白砂糖	2 克
食用盐	2 克	玉米淀粉	20 克
蚝油	10 克	食用小苏打	3 克
生抽	10 克	饮用水	50 毫升

做法

1. 排骨切小块放入碗里，加食用小苏打和少量饮用水抓洗，把油脂和血水洗掉，挤干水分，备用。

2. 大蒜剥皮，倒入破壁机内，加入饮用水，盖上盖子，选择"果蔬"功能，将大蒜打碎，打成蒜汁。

3. 大蒜汁倒出过滤，放入排骨碗里，蒜蓉另外放置。

4. 排骨碗里加入食用盐、蚝油、生抽、黑胡椒粉和白砂糖搅拌均匀，让排骨完全吸收蒜汁。

5. 下玉米淀粉，让排骨表面裹上一层淀粉膜，腌制 10 分钟，备用。

6. 起锅，倒入 1000 克食用油，油温140 度把蒜蓉倒进去炸至金黄捞出，备用。

7. 下排骨 140 度炸 8 分钟，把排骨炸熟，捞起。

8. 再把油温升至 180 度，下排骨炸 20 秒捞起沥油，装盘后把炸至金黄的蒜蓉撒在上面即可。

苏苏有话说

1. 家庭版的蒜香骨大多都是用蒜蓉腌制而成的，这样做的弊端是炸的时候需要提前把蒜蓉挑干净，而且入味速度慢，用蒜汁腌制更入味，蒜香味更足。

2. 蒜香骨讲究的是外焦里嫩，必须先用低温油炸熟，再用高温油将其表面炸脆，这样才能达到外焦里嫩的效果。

陈皮牛肉丸：口感特筋道

　　陈皮牛肉丸是具有广式风味的菜，也是经典的饮茶点心。肉丸筋道，一口咬下去就会爆汁，满口鲜香，带有淡淡的陈皮清香，煎炸煮蒸都是不错的烹饪方式。

制作时间：30 分钟

难 易 度：★★★

材　料

牛肉	500 克	鸡粉	5 克
胡萝卜	30 克	黑胡椒粉	2 粉
马蹄	100 克	香菜	10 克
陈皮	5 克	生姜	10 克
鸡蛋	3 个	小葱	10 克
食用盐	3 克	玉米淀粉	5 克

做　法

1. 牛肉洗净切小块备用；胡萝卜切片备用；陈皮提前用饮用水泡软备用；马蹄削皮洗净，用刀拍裂备用。

2. 将牛肉块倒入破壁机内，再加入马蹄、陈皮、鸡蛋清、食用盐、鸡粉、黑胡椒粉、香菜、生姜和小葱，盖上盖子。

3. 选择"DIY"功能，调至 3 挡，配合搅拌棒打成肉馅。

4. 将牛肉馅倒出，反复搅打至黏手起丝的状态。

5. 再加入玉米淀粉，搅拌均匀。

6. 盘子上提前放胡萝卜片垫底，再挤出牛肉丸放在胡萝卜片上。

7. 起锅烧水，水开后将牛肉丸蒸 10 分钟即可。

苏苏有话说

1. 可以提前把牛肉的表面筋膜剔除干净，这样做出来的牛肉丸口感更好。

2. 陈皮的年份不限，但一定要把陈皮打碎，这样才更入味。

3. 牛肉搅打的过程很重要，搅打不够则做出的牛肉丸口感略差。

4. 不喜欢吃香菜的人在制作时可以不放香菜。

红烧狮子头：压桌必备菜

红烧狮子头是一道传统的汉族菜肴，有吉祥如意的寓意，逢年过节就会成为餐桌上的必备佳肴。在肉馅里拌入爽脆的马蹄和软香的香菇，再搭配浓郁鲜香的酱汁，一口咬下去味道鲜美，口感丰富。

制作时间：50 分钟

难 易 度：★★★

材　料						
五花肉	500 克	料酒	30 克	老抽	15 克
马蹄	100 克	姜葱水	30 克	蚝油	15 克
鲜香菇	100 克	玉米淀粉	10 克	白砂糖	5 克
食用盐	2 克	生姜	10 克	大白菜	2 片
白胡椒粉	2 克	小葱	10 克	淀粉水	20 克
鸡蛋	2 个	生抽	5 克	饮用水	1000 毫升

做　法

1. 五花肉去皮，切小块备用；马蹄削皮洗净，用刀拍裂备用；鲜香菇去蒂，切粒备用。

2. 将五花肉块、马蹄、鲜香菇粒、食用盐、白胡椒粉、姜葱水、鸡蛋清和料酒倒入破壁机内，盖上盖子。

3. 选择"DIY"功能，调至 3 挡，配合搅拌棒，打成有颗粒感的肉馅。

4. 肉馅倒出，朝一个方向反复搅打至黏手，加入玉米淀粉搅拌均匀，再将肉馅揉成半拳大小的肉丸。

5. 起锅烧油，油温 150 度下肉丸，炸至表面金黄，定型后捞出。

6. 起锅下油，放入生姜和小葱爆香，倒入饮用水，放入生抽、老抽、蚝油和白砂糖，煮沸后放入肉丸。

7. 在肉丸上盖两片白菜叶子，盖上盖子，用中小火煮 40 分钟，捞出装盘，用剩余的汤汁勾芡。

8. 锅中慢慢下入淀粉水，待汤汁浓稠后浇到肉丸上即可。

苏苏
有话说

1. 猪肉在搅打的过程中不要打得太细腻，留有一部分小颗粒，口感更好。

2. 用高温油炸丸子的目的是让丸子表面快速结硬壳，封住肉汁，这样即使长时间煮制，肉质仍然嫩滑。

3. 盖白菜叶子的目的是防止煮的过程中汤汁挥发变少，裸露的丸子表面变干，从而影响口感。

避风塘炒虾：正宗港式风味

　　这是一道港式经典菜肴，炸得金黄的蒜蓉搭配炒得香脆的大虾，吃起来香酥可口，连虾壳都能一起嚼着吃，蒜蓉香气四溢，虾肉鲜嫩有弹性，每次吃完都会让人吮指回味。

制作时间：30 分钟

难 易 度：★ ★ ★ ★

材 料	明虾	750 克	香油	5 克
	大蒜	250 克	白砂糖	3 克
	红葱头	30 克	白胡椒粉	2 克
	豆豉	30 克	料酒	10 克
	红椒	30 克	小葱	20 克
	青椒	30 克	玉米淀粉	20 克
	朝天椒	10 克	食用油	1000 毫升
	生抽	15 克		

做 法

1. 明虾切除虾须和虾脚，开背去虾线，洗净备用。

2. 红椒和青椒斜刀切圈备用，小葱洗净切段，葱白和葱尾分开放。

3. 取一个空碗调汁，碗里加入生抽、香油、白砂糖、白胡椒粉和料酒，搅拌均匀备用。

4. 豆豉用清水清洗一遍，倒入破壁机内，再倒入剥好皮的大蒜、红葱头和朝天椒。

5. 选择"DIY"功能，调至 2 挡，配合搅拌棒将大蒜打成蒜蓉倒出。

6. 起锅烧油，油温 160 度下打好的蒜蓉，炸脆后捞出备用。

7. 明虾均匀裹上一层玉米淀粉。

8. 升高油温至 180 度，明虾下锅，炸脆外壳后捞出。

9. 油倒出，继续起锅，下葱白段爆香，再下明虾简单翻炒。

10. 下调好的料汁，翻炒，再倒入炸好的金蒜和青红辣椒翻炒，下葱尾翻炒即可出锅。

苏苏
有话说

1. 先炸蒜蓉的目的是让食用油带有蒜蓉香味和豆豉香味，炸虾时会更香。

2. 这个属于老式做法，蒜蓉和豆豉混合制作，味道更好。

3. 蒜蓉不用打得太细腻，留有一定颗粒感更好。

4. 预先开背去虾线可以让虾更入味，吃的时候去壳也更容易。

第八章 魅力中餐：厨神养成计划

煎酿三宝：客家经典名菜

　　煎酿三宝是广东地区的一道传统家常菜肴，不仅美味而且十分健康，颇受广东人喜爱，浓浓的酱汁让人垂涎欲滴，肉胶与茄子、青椒和苦瓜搭配得恰到好处，吃一口，酱汁鲜香，嫩滑爽口。

制作时间：30 分钟

难　易　度：★★★

材 料						
鲮鱼肉	250 克	鸡蛋	2 个	紫皮茄子	100 克
五花肉	250 克	玉米淀粉	5 克	老抽	5 克
干香菇	20 克	苦瓜	250 克	蚝油	10 克
生姜	10 克	青椒	100 克	白砂糖	3 克
小葱	10 克				
食用盐	2 克				
生抽	20 克				
白胡椒粉	2 克				

做 法

1. 干香菇提前用冷水泡软备用；苦瓜洗净，切厚圈，去核备用；青椒去果蒂，洗净，整条备用。

2. 紫皮茄子切厚片，中间切一刀至接近底部，不要切断；五花肉去皮切小块；鲮鱼肉洗净切小块备用。

3. 将五花肉块和鲮鱼肉块倒入破壁机内，再加入干香菇、生姜、小葱、食用盐、生抽、白胡椒粉和鸡蛋清，盖上盖子。

4. 选择"DIY"功能，调至 3 挡，配合搅拌棒将食材打成肉泥。

5. 把肉馅倒出，朝一个方向搅打上劲，至黏手状态。

6. 加入玉米淀粉，再继续搅拌至黏手起丝的状态。

7. 苦瓜圈、青椒和紫皮茄子内壁先抹一层玉米淀粉，然后再将肉馅塞进蔬菜内。

8. 起锅下油，油热后，把酿好的苦瓜圈、青椒和紫皮茄子下锅，肉面朝下煎至两面金黄。

9. 放饮用水，开始调味，放生抽、老抽、蚝油和白砂糖，盖上盖子煮 5 分钟，把汤汁收至浓稠即可出锅。

苏苏有话说

1. 鲮鱼比较难买，如果买不到，用鲢鱼代替也可以。

2. 五花肉选用肥瘦比例为六比四的更适合和鱼肉一起做馅料，口感更佳。

茄汁虎皮蛋：番茄鸡蛋的新吃法

鸡蛋常常是煎着吃或者用清水煮着吃，其实做成虎皮蛋别有一番风味。浓郁的番茄汁搭配被炸得外焦里嫩的鸡蛋，鸡蛋外皮充分吸收番茄汁，每一口都能吸到浓香的汁液，酸甜可口，蛋香味美。

制作时间：20 分钟

难 易 度：★★★

材　料

鸡蛋	8 个	生抽	5 克
番茄	250 克	大蒜	10 克
番茄沙司	50 克	小葱	5 克
食用盐	2 克	食用油	1000 毫升
白砂糖	10 克		

做　法

1. 番茄去果蒂，切小块备用；大蒜切蒜蓉备用；小葱切葱花备用。

2. 起锅下食用油，放入蒜蓉炒香，再放入番茄块炒软。

3. 将炒好的番茄块倒入破壁机内，再加入番茄沙司、食用盐、白砂糖和生抽，盖上盖子。

4. 选择"果蔬"功能，待机器完成工作即可得到番茄汁。

5. 起锅烧水，鸡蛋冷水下锅煮至全熟，待冷却后，剥去外壳备用。

6. 起锅放入食用油，油温 150 度放入熟鸡蛋炸至"虎皮"状，捞出备用。

7. 起锅下食用油，倒入番茄汁煮沸，再放入炸好的鸡蛋，焖煮 5 分钟。

8. 加一把葱花即可出锅。

苏苏有话说

1. 不想油炸的话，也可以在锅里加入比炒菜多一点的油，用半炸半煎的方法做出虎皮蛋。

2. 起"虎皮"后的鸡蛋更容易吸收番茄汁，也更入味。

3. 番茄汁的味道决定了这道菜好吃与否，因此应事先将番茄汁调好。

第八章　魅力中餐：厨神养成计划

粉蒸排骨：磨出来的美味

  粉蒸排骨是一款十分受欢迎的家常菜，研磨一份米粉，再用米粉裹上排骨进行蒸制，出锅后，排骨软糯入味，米粉喷香扑鼻，入口酥烂脱骨，肉质软烂细嫩，浓郁的酱香味充斥口腔，久久挥之不去。

制作时间：40 分钟

难 易 度：★★★

材 料

排骨	500 克	食用小苏打	2 克
生抽	10 克	生姜	10 克
白砂糖	2 克	小葱	10 克
蚝油	10 克	土豆	300 克
十三香	2 克	大米	100 克
南乳汁	20 克	糯米	100 克

做 法

1. 排骨切小块放入碗里，加食用小苏打和少量饮用水抓洗，把油脂和血水洗掉。

2. 挤干水分后腌制，加生抽、白砂糖、蚝油、十三香、南乳汁、生姜和小葱，搅拌均匀，让排骨充分吸收调料。

3. 起锅放入大米和糯米，全程用中小火炒制，直至变成浅褐色。

4. 将炒好的米倒入破壁机研磨杯中，加入十三香，盖上盖子。

5. 选择"点动"功能，让机器运行 5~10 秒，把米打成有小颗粒的粉末状。

6. 将打好的米粉倒入腌制好的排骨中，搅拌均匀，让每一块排骨都裹上米粉。

7. 盘中放土豆垫底，将排骨均匀地码放在上面。

8. 起锅烧水，水沸后放入排骨，用大火蒸 30 分钟，出锅后撒上小葱即可。

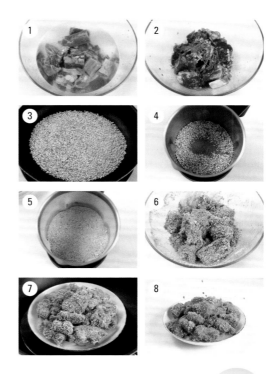

苏苏有话说

1. 可能有一部分人不太喜欢粉蒸系列的菜品，觉得吃起来糯糯黏黏的，这时可以尝试一下豉汁蒸排骨。

2. 喜欢吃辣椒的可以在腌制的时候加入小米辣调味。

第八章 魅力中餐：厨神养成计划

180

181

简易西餐：
厨房里的异域风情

重新定义西餐

相传十九世纪末，西餐厅出现在中国。那时的西餐厅主要用于招待各国领事。以往，西餐厅大多有着奢华的装潢和高端的菜品，昂贵的消费让人望而却步。现如今，随着国家的强盛和经济的发展，我们接触和品尝西餐的机会很多，除了西餐厅随处可见，更重要的是我们在家就能轻易学会做出一道西餐。对生活的自信，让我们重新定义了西餐的仪式感，但西餐带给我们的不只是仪式感，还有新鲜感。

饮食水平的进步，让我们在享受西餐带给我们新的烹饪手法和食材搭配的同时，也在新的味觉体验下敢于表达对生活的热爱。

这是我们的自信！

奶香土豆泥：土豆的高级吃法

土豆是非常好的食材，富含膳食纤维，营养又健康。将土豆做成土豆泥，吃起来入口即化，口感绵软，细腻顺滑，奶香浓郁。

制作时间：30 分钟

难 易 度： ★

材 料

土豆	500 克
纯牛奶	150 毫升
黄油	50 克
食用盐	2 克

做 法

1. 土豆洗净削皮，切小块备用。

2. 起锅烧水，将土豆块倒入锅内煮 15 分钟，煮至完全熟透，捞出备用。

3. 将土豆块、纯牛奶、黄油和食用盐倒入破壁机内，盖上盖子。

4. 选择"果蔬"功能，配合搅拌棒将土豆打成细腻的泥即可。

**苏苏
有话说**

破壁机能让土豆泥快速变成细腻的流体状，这是用手动没办法制作出来的。

西式破壁浓汤：一口细腻美味

西式浓汤通常是以各种蔬菜，如土豆、南瓜、玉米等，搭配奶油制作而成的，汤汁浓稠细腻，口感绵密顺滑，奶香浓郁，可以用法棍或者脆面包蘸着吃，非常美味。

蔬菜浓汤

制作时间：30 分钟

难 易 度：★

材 料

白洋葱	100 克
芹菜	50 克
胡萝卜	100 克
土豆	200 克
大葱	50 克
黑胡椒	2 克
食用盐	2 克
淡奶油	50 克
大蒜	10 克
饮用水	400 毫升

做 法

1. 白洋葱、芹菜、胡萝卜、土豆洗净，切小块备用。

2. 起锅下油，下大蒜炒香，再下白洋葱块，炒至透明状。

3. 下芹菜块、胡萝卜块、土豆块、大葱、黑胡椒和食用盐翻炒，炒出香味后将饮用水倒入锅中，稍微搅拌。

4. 将锅中所有食材倒入破壁机内，再倒入淡奶油，盖上盖子。

5. 选择"浓汤"功能，待机器工作 20 分钟，再选择"果蔬"功能，将所有食材打成浓汤即可。

苏苏有话说

用破壁机做出来的蔬菜浓汤即使不过滤也会有细腻的口感。

奶油南瓜浓汤

制作时间：30 分钟

难 易 度：★

材 料

南瓜	250 克
白洋葱	50 克
胡萝卜	50 克
大葱	15 克
食用盐	2 克
淡奶油	50 克
饮用水	500 毫升

做 法

1. 南瓜、白洋葱、胡萝卜洗净，切小块备用。

2. 起锅下油，下白洋葱块炒出香味，继续下胡萝卜块、南瓜块、大葱和食用盐炒香，倒入饮用水，稍微搅拌。

3. 将锅中所有食材倒入破壁机内，再倒入淡奶油，盖上盖子。

4. 选择"浓汤"功能，待机器工作 20 分钟，再选择"果蔬"功能，将所有食材打成浓汤即可。

玉米浓汤

制作时间: 30 分钟

难 易 度: ★

材 料

玉米	300 克
生姜	15 克
椰浆	100 克
食用盐	2 克
饮用水	100 毫升

做 法

1. 玉米剥皮,掰下玉米粒备用; 生姜洗净切片备用。
2. 将玉米粒、生姜片、食用盐和饮用水倒入破壁机内。
3. 选择"浓汤"功能,待机器工作 20 分钟,再选择"果蔬"功能,将所有食材打成浓汤。
4. 出锅,加入椰浆搅拌均匀即可。

第九章 简易西餐: 厨房里的异域风情

奶油蘑菇浓汤

制作时间：30 分钟

难 易 度：★

材　料

双孢蘑菇	200 克
芹菜	50 克
大葱	50 克
白洋葱	100 克
大蒜	10 克
黑胡椒	2 克
食用盐	2 克
淡奶油	100 克
饮用水	300 毫升

做　法

1. 双孢蘑菇洗净切片备用；芹菜、大葱和白洋葱切小块备用。

2. 起锅下油，下大蒜和白洋葱块炒香，再下芹菜块、大葱块和双孢蘑菇片翻炒，炒至带点焦黄色，放入黑胡椒和食用盐，倒入饮用水稍微搅拌均匀。

3. 将锅中所有食材倒入破壁机内，再倒入淡奶油，盖上盖子。

4. 选择"浓汤"功能，待机器工作 20 分钟，再选择"果蔬"功能，将所有食材打成浓汤即可。

黑椒烧小排：独特的黑椒风味

　　把牛小排煎得焦香，再浇上黑椒汁稍微焖煮，掀开盖子的瞬间，牛肉香和黑椒香扑面而来，整个人都被这香味彻底征服。没有多余的调料，只需要一个简单的酱料就能将牛排的味道和口感发挥到极致，这就是西餐所追求的味觉和视觉的最佳融合。

制作时间：15 分钟

难 易 度：★★

材　料

牛小排	500 克
黑胡椒酱	50 克
大蒜	10 克
白洋葱	30 克
黄油	30 克
迷迭香	3 克
饮用水	200 毫升

做　法

1. 起锅下黄油，待黄油融化后下牛小排，稍微煎至两面有焦褐色。

2. 再下大蒜和白洋葱一同翻炒，炒出洋葱香味。

3. 下黑胡椒酱（可参考第 148 页黑胡椒酱的做法）、饮用水和迷迭香，盖上盖子焖煮 3 分钟。

4. 收浓汤汁，起锅即可。

苏苏
有话说

1. 黑胡椒酱可以搭配大部分部位的牛肉烹制。

2. 此做法适合做全熟牛肉，不过口感稍硬，黑胡椒酱亦可作为酱料搭配非全熟牛排食用。

3. 此做法中用的牛小排为 1 厘米厚，如果是更厚的牛排需要适当增加烹煮时间。

第九章　简易西餐：厨房里的异域风情

蚕豆烤三文鱼：优质蛋白质的"补给站"

三文鱼大多是作为刺身被人们食用的，很多人不知道三文鱼熟吃也有独特的风味。三文鱼块先用煎锅高温封边，将鱼肉的水分和肉汁锁住，再抹上清新的蚕豆酱一同烤制。烤好的三文鱼肉质紧实，弥漫着蚕豆的香味，一个人吃一整块都不会觉得腻。

制作时间：30 分钟

难 易 度：★ ★ ★

材 料

三文鱼块	250 克	蚕豆酱	50 克
芹菜	30 克	迷迭香	5 克
胡萝卜	30 克	食用盐	1 克
血橙	50 克	黑胡椒粉	1 克
大蒜	20 克		

做 法

1. 三文鱼块用厨房纸吸干表面血水,再均匀撒上食用盐和黑胡椒粉,简单腌制一下。

2. 芹菜切段,胡萝卜切片,血橙切片,大蒜带皮拍裂备用。

3. 起锅下油,锅热后将三文鱼块放入锅中,煎至焦褐色,进行封边。

4. 烤箱提前预热 180 度,取一张锡纸放在烤盘上。

5. 在锡纸上抹一层与三文鱼块大小相近的蚕豆酱(可参考第 152 页蚕豆酱的做法),将三文鱼块放上去。

6. 在三文鱼块上抹一层厚厚的蚕豆酱,放入芹菜段、胡萝卜片、血橙片、迷迭香和大蒜,在上面再盖一张锡纸, 将两张锡纸封边包起来,放进预热好的烤箱内烤制 8 分钟即可。

苏苏
有话说

1. 这道菜采用的是西餐的纸包鱼做法,味道来源主要是蚕豆酱,其他蔬菜只是为了增香。

2. 熟三文鱼肉质偏紧实,与三文鱼刺身的口感完全不同。

3. 用锡纸封边时要尽量做到密封,这样果蔬的香气才能被三文鱼充分吸收。

第九章 简易西餐:厨房里的异域风情

普罗旺斯烤羊排：美味法式大餐

　　这是一道经典的法式大餐，新鲜肥美的羊排搭配各种香料可以去除恼人的腥膻味，取而代之的是羊肉的甜美和油润香气，表面金黄酥脆，肉质鲜嫩多汁，加上芹菜的清香，只吃一口就会被征服。

制作时间：60 分钟

难 易 度：★★★★

材　料

普罗旺斯材料:

		其他材料:	
面包糠	100 克	羊排	1000 克
新鲜百里香	20 克	黑胡椒粉	2 克
新鲜迷迭香	20 克	食用盐	2 克
新鲜芹菜	20 克	黄芥末酱	30 克
大蒜	30 克		
黑胡椒粉	2 克		
食用盐	1 克		

做　法

1. 羊排用厨房纸吸干表面血水，再用黑胡椒粉和食用盐涂抹均匀，腌制 30 分钟。

2. 起锅下油，油热后下羊排煎制，进行封边处理。

3. 烤箱预热 150 度，烤盘上铺一张锡纸，将羊排放在烤盘上，入烤箱内烤制 20 分钟。

4. 期间将面包糠、新鲜百里香、新鲜迷迭香、新鲜芹菜、大蒜、黑胡椒粉和食用盐倒入破壁机内。

5. 选择"点动"功能，将所有材料打碎。

6. 羊排第一次烤好后，在表面抹一层黄芥末酱，再均匀铺上一层打好的香料，放入 150 度的烤箱内再烤制 15 分钟即可。

苏苏
有话说

1. 制作普罗旺斯烤羊排时用了多种香料，但各种香料配合得很完美，以面包糠作为香料的载体，经过高温烤制呈现出香脆的口感。

2. 羊排提前腌制且在锅里高温封边，两者结合达到外脆里嫩、肉汁满满的效果。

3. 羊排提前烤一次是为了提高成熟度，普罗旺斯料烤太久容易糊。

第九章　简易西餐：厨房里的异域风情

番茄肉酱意面：经典的西餐风味

番茄肉酱意面是一款经典的意大利家常菜。番茄酱口感酸甜，肉末鲜嫩，意面裹着满满的酱汁，香气十足。番茄肉酱包裹住的每一根面条都是个极大的诱惑，让人胃口大开。

制作时间：15 分钟

难 易 度：★

材　料

意大利面	80 克
番茄牛肉酱	100 克
食用盐	2 克
食用油	10 克
马苏里拉芝士碎	10 克

做　法

1. 起锅烧水，水沸后下食用盐和食用油，再下意大利面煮 8 分钟，捞出备用。

2. 起锅下油，油热后下番茄牛肉酱（可参考第 154 页番茄牛肉酱的做法）和意大利面，搅拌均匀。

3. 起锅装盘，在表面撒上马苏里拉芝士碎即可。

3

苏苏
有话说

1. 煮意面时，中途加一次冷水会让意面更快熟透。

2. 番茄牛肉酱是这款美食的主要味道，如果觉得太淡可以加少许食用盐调味。

第九章　简易西餐：厨房里的异域风情

青酱海鲜意面：优质的美味碳水

　　新鲜的海鲜炒制过后鲜香四溢，再用香味浓郁的青酱裹上面条，看起来就食欲满满，吃起来更是海鲜味十足，和浓郁的青酱搭配恰到好处，清新而不腻。

制作时间：15 分钟

难 易 度：★

材　料

意大利面	80 克
鲜虾仁	100 克
青口	200 克
鱿鱼	100 克
食用盐	2 克
食用油	10 克
黑胡椒粉	2 克
意大利青酱	50 克

做　法

1. 鱿鱼清洗干净，切鱿鱼圈备用。

2. 起锅烧水，水沸后下食用盐，再下意大利面，煮 10 分钟，捞出控水，下食用油搅拌。

3. 用煮面的水把青口煮熟，再将鱿鱼圈焯水捞起。

4. 起锅下油，油热下鱿鱼圈、鲜虾仁和青口炒香，期间下黑胡椒粉增香去腥。

5. 将意大利面倒入锅里，再下意大利青酱（可参考第 150 页意大利青酱的做法）搅拌均匀即可出锅。

苏苏
有话说

1. 由于意大利青酱非常百搭，可与各种食材搭配，因此也可以把虾仁、鱿鱼和青口换成自己喜欢的海鲜。

2. 意面捞起后加少许食用油搅拌均匀可以有效防止意面变坨。

第九章　简易西餐：厨房里的异域风情

牛油果酱沙拉：减脂期的美味来源

　　正在减肥的人士为了快速瘦身会选择吃蔬菜沙拉，但好像总是一脸不情愿的样子，感觉吃沙拉一点都不美味，这里有一种既美味又热量少的沙拉。将牛油果做成酱后，少了一些油腻，多了一份清香，搭配蔬菜清脆的口感和虾仁高品质的蛋白质，既满足味蕾又可以减肥。

制作时间：10 分钟

难 易 度：★

材料

圣女果	50 克
苦苣	30 克
生菜	30 克
虾仁	100 克
紫甘蓝	30 克
青瓜	50 克
牛油果酱	100 克
意大利香醋	10 克
橄榄油	20 克
黑胡椒粉	1 克

做 法

1. 将圣女果、苦苣、生菜、虾仁、紫甘蓝和青瓜用清水清洗干净。

2. 圣女果去果蒂，对半切开；苦苣和生菜掰小片；紫甘蓝切丝；青瓜切片。

3. 起锅烧水，水沸后下虾仁煮熟，捞出过冷水，洗净备用。

4. 将所有食材放入碗里，倒入牛油果酱（可参考第 156 页牛油果酱的做法）、意大利香醋、橄榄油和黑胡椒粉，搅拌均匀即可。

 苏苏
有话说

蔬菜可以换成自己喜欢吃且能生吃的种类，虾仁也可以换成金枪鱼或者鸡胸肉。

100 道营养料理轻松做
破 壁 机 美 味 食 谱